2024 por David Urbick

Revisão

Fabiola Urbick

Capa

David Urbick

Diagramação

David Urbick

1º edição - Junho- 2024

David Edmilson Urbick

Sete chaves para viver o extraordinário de Deus / David Urbick

ISBN 978-65-01-08891-4

Perdão - Oração - Fé - Comunhão - Adoração -

Conhecimento da palavra - Amar o próximo

SETE CHAVES PARA VIVER O EXTRAORDINÁRIO DE DEUS

DAVID URBICK

Apresentação

Olá! Que alegria ter você aqui, pronto para explorar as páginas deste livro preparado com amor e dedicação para abençoar a sua vida. Eu sou o Pastor e Teólogo David Urbick, e é com imensa gratidão que compartilho com você as sete chaves extraordinárias que podem transformar a sua jornada. Minha própria jornada no Reino de Deus foi profundamente impactada quando compreendi o propósito por trás dessas sete chaves. Como Vice-Presidente da Igreja Evangélica Alimentando Esperança e Fé, em Londrina, no Paraná, tenho o privilégio de servir a uma comunidade que busca a verdadeira transformação espiritual.Além disso, sou abençoado com uma esposa amorosa e dedicada, Fabíola Urbick, e sou pai de quatro preciosidades: Kauã, Asafe (em memória), Alana e Ananda – verdadeiras heranças do Senhor em minha vida.A inspiração para este livro vem do profundo despertar que o Senhor Jesus Cristo trouxe à minha vida. Escrever sob a inspiração do Espírito Santo é um privilégio e uma responsabilidade que aceito com humildade, buscando apenas ser um canal para abençoar vidas através da Palavra de Deus. Que cada página deste livro seja uma fonte de inspiração e transformação para você, assim como tem sido para mim. Que Deus continue abençoando e guiando cada passo da sua jornada.

Com gratidão e expectativa pelos frutos desta leitura,

Pastor David Urbick

Dedicatória

"Dedico esta obra a Jesus Cristo, cuja inspiração divina tornou possível a criação desta história tão preciosa. Louvo seu nome por me guiar em cada palavra escrita.

À minha amada esposa, Fabíola Urbick, cujo amor e apoio incondicionais são minha fortaleza e inspiração.

E aos meus amados filhos, Kauã, Asafe (em memória eterna), Alana e Ananda, que são a luz dos meus dias e o motivo do meu constante crescimento e gratidão.

Que este livro possa refletir o amor, a fé e a esperança que vocês todos têm trazido à minha vida. Com todo o meu amor e dedicação,

David Urbick

Sumário

Apresentação 0
Dedicatória 1
Prefácio: 3
Chave "Perdão" 5
10 Benefícios do perdão 29
10 Consequência pela falta de perdão 31
Chave Oração 33
Chave Fé 48
Chave Comunhão 54
Chave Adoração 60
Conhecimento na Palavra 67
Amar ao Próximo 83

Prefácio:

Ao folhear as páginas deste livro, você se depara com um convite para uma jornada interior, uma jornada de transformação e crescimento espiritual. Aqui, exploraremos as chaves fundamentais que desbloqueiam as portas da alma e abrem caminho para uma vida de plenitude e significado em Deus. A primeira chave que oferecemos é a do perdão. Em um mundo marcado por desavenças e conflitos, o perdão emerge como uma força redentora, capaz de curar feridas antigas e abrir espaço para a paz interior. Ao compreendermos os benefícios do perdão e as consequências devastadoras de sua ausência, somos convidados a trilhar o caminho da reconciliação e da libertação. Em seguida, adentramos no santuário da oração, onde a alma encontra seu refúgio e sua força em Jesus. A oração é a ponte que nos conecta ao divino, uma prática sagrada que nos permite expressar nossos anseios mais profundos e receber a orientação do alto. A chave da fé nos convida a confiar no invisível, a acreditar na realização dos nossos sonhos mais audaciosos e na manifestação do impossível. É pela fé que nos lançamos ao desconhecido, confiantes de que somos amparados por uma mão invisível que guia nossos passos. Na comunhão, descobrimos o poder da união, a força que emana do compartilhar de experiências e da caminhada em conjunto. É na comunhão que encontramos apoio mútuo, encorajamento e inspiração para perseverar na jornada espiritual.

Por fim, mergulhamos na doce melodia da adoração, onde o coração transborda em gratidão e reverência. Na adoração, nós entregamos completamente ao divino, rendendo-nos à majestade e ao amor que nos envolve. Convido você, caro leitor, a abrir seu coração e sua mente para as profundezas dessas chaves espirituais. Que este livro seja um guia e um companheiro na sua jornada rumo à plenitude e à realização espiritual.

Que a luz do perdão, a força da oração, a firmeza da fé, o calor da comunhão e a doçura da adoração iluminem o seu caminho e o conduzam à presença daquele que é fonte de toda vida e amor.

Chave Perdão

A Bíblia Sagrada aborda o perdão de várias maneiras ao longo de suas escrituras. Ela destaca a importância do perdão tanto de Deus para com os seres humanos quanto entre as pessoas. O perdão é uma característica fundamental do amor de Deus. Em várias passagens, a Bíblia destaca que Deus é misericordioso e perdoa os pecados daqueles que se arrependem e buscam Sua graça. Exemplos incluem Salmos 103:3, que diz: "Ele perdoa todas as tuas iniquidades e sara todas as tuas enfermidades." A Bíblia ensina que os seres humanos também devem perdoar uns aos outros. Mateus 6:14-15 é uma passagem conhecida, onde Jesus diz: "Porque, se perdoardes aos homens as suas ofensas, também vosso Pai celestial vos perdoará a vós. Se, porém, não perdoardes aos homens [as suas ofensas], tampouco vosso Pai vos perdoará as vossas ofensas.

" A Bíblia destaca a relação entre o arrependimento e o perdão. Em Atos 3:19, por exemplo, Pedro diz: "Arrependei-vos, pois, e convertei-vos para serem cancelados os vossos pecados." Porque, se perdoardes aos homens as suas ofensas, também vosso Pai celestial vos perdoará a vós; se, porém, não perdoardes aos homens, tampouco vosso Pai perdoará vossas ofensas. Mateus 6:14-15

A Bíblia ensina que o amor ao próximo é inseparável do perdão, em Colossenses 3:13, está escrito: "Suportai-vos uns aos outros, perdoai-vos mutuamente, caso alguém tenha motivo de queixa contra outrem. Assim como o Senhor vos perdoou, assim também perdoai vós." Jesus Cristo é frequentemente citado como um exemplo supremo de perdão. Mesmo enquanto estava na cruz, Ele orou por perdão para aqueles que O crucificaram, dizendo: "Pai, perdoa-lhes, porque não sabem o que fazem" (Lucas 23:34). Em resumo, a Bíblia enfatiza a importância do perdão como parte fundamental da vida cristã, tanto em relação ao perdão divino quanto ao perdão entre as pessoas. O perdão é visto como um ato de amor, misericórdia e graça, refletindo a natureza de Deus e a necessidade de relacionamentos saudáveis entre os seres humanos. A frequência da palavra "perdão" na Bíblia pode variar dependendo da tradução que você está consultando. Vou dar uma estimativa geral com base na versão Almeida, uma das traduções mais comuns em português. Na versão Almeida, a palavra "perdão" aparece cerca de 75 vezes no Antigo Testamento e cerca de 70 vezes no Novo Testamento, totalizando aproximadamente 145 vezes em toda a Bíblia. Lembre-se de que essa contagem pode variar um pouco dependendo da edição específica da Bíblia ou da tradução que você estiver usando. A palavra "perdão" tem sua origem na língua latina. No contexto bíblico, a palavra portuguesa "perdão" geralmente corresponde à palavra gre-ga "ἄφεσις" (afesis) no Novo Testamento. A etimologia dessa palavra grega está relacionada ao verbo "ἀφίημι" (aphiēmi), que significa "deixar ir", "libertar", "perdoar" ou "remeter". Portanto, a ideia por trás da palavra "perdão" nas Escrituras geralmente está associada ao ato de liberar ou remeter uma dívida, uma ofensa ou um pecado. Essa ideia de perdão é central em muitas tradições religiosas e desempenha um papel significativo no cristianismo, onde a ideia de Deus perdoando os pecados humanos é uma parte.

Na Bíblia, existem várias passagens que destacam a importância do perdão e associam bênçãos à prática do perdão. Aqui estão algumas delas:

Mateus 6:14-15 (NVI): "Porque, se perdoarem as ofensas uns dos outros, o Pai celestial também perdoará vocês. Mas se não perdoarem uns aos outros, o Pai de vocês não perdoará as suas ofensas."

Esta passagem de Mateus faz parte do famoso "Sermão da Montanha", onde Jesus ensina seus discípulos sobre diversas questões éticas e práticas da vida cristã. Aqui, ele está abordando o tema do perdão.

Perdão mútuo e o perdão de Deus: Jesus começa enfatizando a importância do perdão entre as pessoas. Ele ensina que, se perdoarmos as ofensas e erros cometidos por outros contra nós, Deus também nos perdoará. Isso sugere que o perdão humano está ligado ao perdão divino. O perdão não é apenas uma ação ética, mas também uma condição espiritual que abre caminho para recebermos o perdão de Deus.

Consequências do não perdão: Em contraste, Jesus adverte sobre as consequências de não perdoar. Ele afirma que se não perdoarmos aqueles que nos ofendem, o Pai celestial também não nos perdoará. Isso não significa que o perdão de Deus seja condicional ao nosso perdão aos outros, mas sim que uma atitude persistente de falta de perdão revela um coração que não está em harmonia com os princípios do Reino de Deus, que é fundamentado no amor e na reconciliação.

Importância do perdão como princípio central do Reino de Deus: Esta passagem ressalta a centralidade do perdão na vida cristã. Jesus frequentemente enfatizava a importância do amor, da reconciliação e do perdão mútuo como características essenciais dos que pertencem ao seu Reino. O perdão não é apenas uma resposta passiva às ofensas, mas uma atitude ativa que reflete a graça e o amor de Deus em nossas vidas.

Em resumo, Mateus 6:14-15 nos lembra da conexão profunda entre o perdão que oferecemos aos outros e o perdão que recebemos de Deus. Ele nos exorta a perdoar como fomos perdoados por Deus, e nos adverte sobre as consequências espirituais de um coração que se recusa a perdoar. Essa passagem nos convida a viver em harmonia com os princípios do Reino de Deus, onde o amor e o perdão são fundamentais.

Colossenses 3:13 (NVI): "Suportem-se uns aos outros e perdoem as queixas que tiverem uns contra os outros. Perdoem como o Senhor lhes perdoou."

Esta passagem está inserida na carta de Paulo aos Colossenses, onde ele aborda a vida cristã e o comportamento dos crentes em Cristo. Aqui estão os pontos principais dessa exegese:

Suportar e perdoar: Paulo começa instruindo os crentes a "suportarem-se uns aos outros". A palavra grega usada aqui, ἀ ν ε χ ό μ ε ν ο ι (anechomenoi), pode ser traduzida como suportar, tolerar, ou suportar pacientemente. Isso indica que os cristãos devem ter uma atitude de paciência e suporte mútuo dentro da comunidade cristã, especialmente em tempos de dificuldade, fraqueza ou conflito.

Perdoar as queixas: Paulo continua exortando os crentes a perdoarem as queixas ou as ofensas que possam surgir entre eles. A palavra grega para "queixas" aqui é μ ο μ φ ὴ ν (momphēn), que se refere a uma acusação ou culpa. O perdão é fundamental no relacionamento entre os membros da igreja, e Paulo enfatiza que eles devem estar dispostos a liberar as ofensas, seguindo o exemplo de Cristo.

Perdoar como o Senhor perdoou: A chave para o perdão está na frase final: "Perdoem como o Senhor lhes perdoou." Isso é uma referência ao perdão divino exemplificado por Jesus Cristo. Os cristãos são chamados a perdoar da mesma maneira que foram perdoados por Deus através de Cristo. O perdão de Deus é gracioso, completo e sem limitações, e os crentes são encorajados a imitar esse padrão de perdão em seus relacionamentos.

Contexto de unidade e amor fraternal: Esta exortação faz parte de um contexto mais amplo em Colossenses que enfatiza a importância da unidade entre os crentes e do amor fraternal na comunidade cristã. Paulo frequentemente ensina que a unidade e o amor são marcas distintivas dos seguidores de Cristo, e o perdão mútuo é essencial para manter essa unidade e amor.

Portanto, Colossenses 3:13 nos ensina não apenas sobre a prática do perdão dentro da comunidade cristã, mas também sobre a motivação por trás desse perdão: o exemplo de Cristo. Ao perdoarmos uns aos outros como o Senhor nos perdoou, demonstramos a graça e o amor de Deus em nossas vidas e contribuímos para a unidade e a paz dentro da igreja.

Efésios 4:31-32 (NVI): "Livrem-se de toda amargura, indignação e ira, gritaria e calúnia, bem como de toda maldade. Sejam bondosos e compassivos uns para com os outros, perdoando-se mutuamente, assim como Deus os perdoou em Cristo."

Renúncia aos sentimentos e comportamentos negativos: Paulo começa exortando os crentes a se livrarem de diversas atitudes e comportamentos que são contrários ao padrão de vida cristã:

Amargura: Um sentimento persistente de ressentimento ou mágoa.

Indignação e ira: Raiva intensa e indignação, frequentemente resultando em explosões emocionais.

Gritaria e calúnia: Comportamentos verbais agressivos, incluindo fofocas e difamação.

Toda maldade: Comportamentos e atitudes malignas ou perversas em geral.

Adoção de atitudes positivas: Em contraste com os comportamentos negativos, os crentes são encorajados a adotar atitudes positivas e construtivas:

Bondosos e compassivos: Demonstrando gentileza e compaixão uns com os outros, refletindo o caráter de Cristo.

Perdoando-se mutuamente: Praticando o perdão mútuo como parte essencial da vida cristã. O perdão é visto como um processo contínuo e essencial para manter a comunhão e a paz dentro da comunidade cristã.

Modelo de perdão divino: A base para o perdão mútuo é o perdão gracioso e completo que os crentes receberam de Deus em Cristo. Paulo enfatiza que assim como Deus perdoou os crentes, eles também devem perdoar uns aos outros. O perdão divino é um exemplo de graça incondicional e amor sacrificial, e os crentes são chamados a imitar esse padrão em seus relacionamentos uns com os outros.

Contexto de nova identidade em Cristo: Essa exortação está enraizada na compreensão de que os crentes foram transformados por Cristo e agora vivem em uma nova identidade e padrões éticos que refletem os valores do Reino de Deus. Paulo instrui os crentes a abandonarem seus antigos modos de vida e adotarem uma nova maneira de viver que seja digna do chamado cristão.

Portanto, Efésios 4:31-32 nos ensina sobre a importância de abandonar comportamentos e atitudes prejudiciais enquanto adotamos uma vida marcada pela bondade, compaixão e perdão mútuo, fundamentados no exemplo supremo de perdão e amor de Deus em Cristo Jesus.

Lucas 6:37 (NVI): "Não julguem, e vocês não serão julgados. Não condenem, e não serão condenados. Perdoem, e serão perdoados."

Esta passagem faz parte do famoso "Sermão da Planície", onde Jesus ensina seus discípulos e uma grande multidão sobre diversos aspectos do Reino de Deus e como devem viver como seus seguidores. Aqui estão os principais pontos dessa exegese:

Não julgar: Jesus começa com uma instrução clara para seus ouvintes: "Não julguem". A palavra grega usada aqui para "julgar", κ ρ ί ν ε τ ε (krinete), pode significar fazer um julgamento crítico, condenatório ou de condenação moral. Jesus está ensinando que seus discípulos não devem assumir o papel de juízes das ações e intenções dos outros, como se estivessem numa posição de superioridade moral.

Não condenar: A instrução continua com "Não condenem". Condenar implica emitir um juízo final e punitivo sobre alguém. Jesus está dizendo que seus seguidores não devem ser rápidos em condenar outros, pois isso não reflete o espírito do Reino de Deus, que é fundamentado na graça e na misericórdia.

Perdoar: Em contraste com o julgamento e a condenação, Jesus ensina a importância do perdão. Ele diz: "Perdoem, e serão perdoados." Aqui, o perdão é apresentado como um princípio fundamental do Reino de Deus. Os discípulos de Jesus são chamados a perdoar livremente aqueles que os ofendem, assim como eles mesmos desejam receber perdão de Deus.

Relação entre julgamento, condenação e perdão: Há uma conexão direta entre esses três princípios. Aqueles que se abstêm de julgar e condenar estão mais aptos a praticar o perdão. Jesus está ensinando que o perdão não é apenas uma ação isolada, mas uma atitude de coração que reflete a compreensão da própria necessidade de perdão e da graça de Deus.

Contexto de misericórdia e amor: Esta exortação se encaixa no contexto mais amplo do ensinamento de Jesus sobre misericórdia e amor ao próximo. Ele frequentemente enfatiza a importância de tratar os outros com compaixão e graça, em vez de rigidez moralista. O perdão é visto como uma expressão tangível desse amor e misericórdia.

Portanto, Lucas 6:37 nos ensina sobre a importância de evitar o julgamento e a condenação, enquanto cultivamos uma disposição de perdão, refletindo assim o caráter de Deus e vivendo de acordo com os princípios do Reino de Deus que Jesus veio ensinar.

Mateus 18:21-22 (NVI): "Então Pedro aproximou-se de Jesus e perguntou: 'Senhor, quantas vezes deverei perdoar a meu irmão quando ele pecar contra mim? Até sete vezes?' Jesus respondeu: 'Eu digo a você: Não até sete, mas até setenta vezes sete. ' "Essas passagens destacam a ligação entre o perdão concedido aos outros e o perdão recebido de Deus, enfatizando a importância de perdoar como uma expressão de obediência e gratidão a Deus. O entendimento é que, ao perdoar, abrimos espaço para receber o perdão divino e experimentar bênçãos em nossa própria vida.

Pergunta de Pedro sobre o perdão: Pedro, um dos discípulos de Jesus, pergunta quantas vezes ele deve perdoar seu irmão que peca contra ele. Pedro sugere sete vezes, provavelmente pensando que já estava sendo generoso em seu perdão. Isso reflete uma mentalidade humana de limitação no perdão.

Resposta de Jesus - "Até setenta vezes sete": Jesus responde a Pedro dizendo para perdoar não apenas sete vezes, mas até "setenta vezes sete". Essa expressão não se limita a um número literal (490 vezes), mas simboliza um perdão ilimitado e contínuo. Jesus está ensinando que o perdão deve ser gracioso, abundante e sem restrições quantitativas.

Ligação entre o perdão concedido e o perdão recebido: Esta passagem destaca a conexão entre o perdão que concedemos aos outros e o perdão que recebemos de Deus. Jesus frequentemente ensina que a nossa disposição para perdoar está diretamente ligada ao perdão que Deus nos concede. Isso não significa que nosso perdão ganha o perdão de Deus, mas que a atitude de coração que perdoa reflete a obra da graça de Deus em nós.

Importância do perdão como expressão de obediência e gratidão a Deus: Perdoar não é apenas uma obrigação moral, mas uma expressão de obediência aos ensinamentos de Jesus e uma resposta de gratidão pelo perdão que recebemos de Deus. Ao perdoar, abrimos espaço para a restauração de relacionamentos, para a paz interior e para uma vida em harmonia com os princípios do Reino de Deus.

Contexto de comunidade e reconciliação: Essa exortação está enraizada na importância da unidade e da paz dentro da comunidade cristã. O perdão mútuo é essencial para manter relacionamentos saudáveis e para testemunhar o amor transformador de Cristo ao mundo.

Em resumo, Mateus 18:21-22 nos ensina que o perdão cristão deve ser ilimitado e gracioso, refletindo o perdão abundante que recebemos de Deus. Ao perdoar repetidamente, estamos vivendo em obediência a Cristo e testemunhando Sua graça transformadora em nossas vidas e na comunidade cristã.

Um exemplo bíblico de um personagem que teve que praticar o perdão é José, filho de Jacó, cuja história é encontrada no livro de Gênesis, especialmente nos capítulos 37 a 50. José foi vendido como escravo por seus próprios irmãos por causa da inveja que sentiam dele, devido ao favoritismo de seu pai. Ele passou por muitas provações, incluindo ser injustamente acusado e preso no Egito. No entanto, eventualmente, ele se tornou um homem poderoso no governo egípcio. Quando a fome atingiu a terra, os irmãos de José foram ao Egito em busca de comida. Eles não reconheceram José inicialmente, mas ele os reconheceu. Em vez de buscar vingança, José escolheu perdoar seus irmãos e reconciliar-se com eles. Ele disse a seus irmãos em Gênesis 45:4-5 (NVI): "Eu sou José, o irmão de vocês, a quem venderam para o Egito! Mas agora, não fiquem aflitos nem se recriminem por me terem vendido para cá, porque foi para salvar vidas que Deus me enviou adiante de vocês."

José percebeu que Deus estava trabalhando através de todas as circunstâncias difíceis para cumprir um propósito maior. Ele escolheu perdoar seus irmãos e mostrar graça, estabelecendo um exemplo notável de perdão e reconciliação na Bíblia.

O perdão de José é um ato notável de generosidade e reconciliação. Em Gênesis 50:20, José diz aos seus irmãos: "Vocês planejaram o mal contra mim, mas Deus o tornou em bem, para que hoje fosse preservada a vida de muitos. “O perdão de José é frequentemente interpretado como um exemplo de perdão divino e da capacidade humana de superar a amargura e o ressentimento. Ele reconheceu que Deus tinha um plano maior, e em vez de buscar vingança, ele escolheu perdoar seus irmãos e ser reconciliado com eles. Essa história é um poderoso exemplo de como o perdão pode trazer cura e restauração às relações familiares.

Certamente, a Bíblia contém diversas histórias de personagens que passaram por situações desafiadoras e tiveram que exercer o perdão. Aqui estão três exemplos:

Pedro (Mateus 18:21-22): Pedro, um dos discípulos de Jesus, perguntou a Ele sobre quantas vezes deveria perdoar seu irmão. Jesus respondeu que deveria perdoar setenta vezes sete, enfatizando a importância do perdão contínuo. Essa lição destaca a necessidade de uma atitude constante de perdão. Esses exemplos da Bíblia ilustram diferentes situações em que personagens enfrentaram desafios e escolheram perdoar, mostrando a importância desse princípio nas narrativas bíblicas.

A ênfase na Bíblia sobre o perdão reflete a importância desse princípio dentro da ética e da moral cristãs. O perdão é um tema central em muitos ensinamentos bíblicos e é considerado uma virtude fundamental para os cristãos. Aqui estão algumas razões pelas quais a Bíblia enfatiza tanto o perdão: Ensino de Jesus: Jesus Cristo enfatizou repetidamente a importância do perdão em seus ensinamentos. Ele ensinou aos seus seguidores que eles deveriam perdoar não apenas sete vezes, mas setenta vezes sete (Mateus 18:21-22). Ele exemplificou o perdão através de suas próprias ações, inclusive ao perdoar aqueles que o crucificaram.

Relação com Deus: A Bíblia ensina que o perdão está ligado à relação entre o ser humano e Deus. Ao perdoar os outros, os cristãos refletem a misericórdia de Deus, que perdoa os pecados daqueles que se arrependem. Jesus ensinou que, se não perdoarmos aos outros, Deus também não perdoará os nossos pecados (Mateus 6:14-15). Liberdade e Cura: O perdão é visto como um meio de libertação e cura interior. Ao perdoar, as pessoas se libertam do fardo emocional e da amargura que o ressentimento pode causar.

A Bíblia encoraja os crentes a não permitirem que raízes de amargura cresçam em seus corações (Hebreus 12:15). Comunidade e Relacionamentos: A Bíblia destaca a importância de manter relacionamentos saudáveis dentro da comunidade cristã. O perdão é vital para a reconciliação e a construção de relações harmoniosas. Jesus instruiu seus seguidores a resolverem conflitos e a perdoarem uns aos outros (Mateus 18:15-17). Imitação de Deus: Os cristãos são incentivados a imitar as características de Deus, e o perdão é uma das principais características de Deus na teologia cristã. Deus é retratado como um Deus perdoador, cheio de graça e misericórdia. Portanto, ao perdoar, os cristãos refletem a imagem de Deus em suas vidas. Essas razões ajudam a explicar por que o perdão é tão enfatizado na Bíblia. Ele é considerado essencial para a vida espiritual e para a construção de relacionamentos saudáveis e harmoniosos.

Na Almeida, a palavra "perdão" aparece cerca de 41 vezes no Antigo Testamento e 28 vezes no Novo Testamento, totalizando aproximadamente 69 ocorrências em toda a Bíblia.

A falta de perdão pode ter várias consequências negativas sobre a pessoa que se recusa a perdoar. Aqui estão algumas delas:

Amargura e Ressentimento: A falta de perdão muitas vezes leva à acumulação de amargura e ressentimento. Isso pode envenenar os pensamentos e sentimentos da pessoa, afetando sua paz interior.

Vamos explorar a etimologia das palavras "amargura" e "ressentimento":

Amargura:

A palavra "amargura" em português vem do latim amaritudo, que deriva de amarus, que significa "amargo". A partir da raiz latina amarus, temos também o termo amargo em português, que descreve um sabor ou sensação áspera e desagradável.

A ideia figurada de "amargura" se desenvolveu a partir do sentido literal do sabor amargo para se referir a um estado emocional ou mental de tristeza intensa, descontentamento ou ressentimento prolongado.

Ressentimento:

A palavra "ressentimento" vem do latim resentimentum, que significa "sentir novamente", derivado de re- (novamente) e sentire (sentir). Originalmente, no latim, resentimentum tinha o sentido de sentir novamente uma dor física.

No português, "ressentimento" passou a descrever um sentimento prolongado de mágoa, raiva ou indignação, muitas vezes decorrente de uma injustiça percebida ou de um dano emocional.

Em resumo, tanto "amargura" quanto "ressentimento" têm raízes etimológicas que remetem a sensações físicas ou emocionais intensas, que ao longo do tempo passaram a descrever estados emocionais complexos e negativos, caracterizados por uma profunda tristeza, descontentamento ou mágoa persistente.

Estresse e Ansiedade: Manter sentimentos negativos em relação a alguém pode causar estresse emocional e ansiedade. A incapacidade de liberar essas emoções pode ter um impacto significativo na saúde mental.

Estresse:

A palavra "estresse" tem sua origem no inglês antigo stresse, que significava "dificuldade, angústia, aflição". Essa palavra foi emprestada do francês antigo estrece, que por sua vez veio do latim strictus, que significa "apertado, contraído".

No contexto moderno, "estresse" refere-se a uma resposta física e emocional do corpo a situações desafiadoras ou exigentes. O estresse pode resultar de pressões externas ou internas que afetam negativamente o bem-estar físico, emocional ou mental.

Ansiedade:

A palavra "ansiedade" vem do latim anxietas, que significa "angústia, aflição, preocupação". Ela deriva do verbo anxius, que significa "estar preocupado ou aflito".

"Ansiedade" descreve um estado de preocupação, medo ou nervosismo em relação a eventos futuros ou incertos. É uma resposta emocional normal a situações de estresse, mas quando persistente ou excessiva, pode ser sintoma de um transtorno de ansiedade.

Impacto na saúde mental:

Manter sentimentos negativos em relação a alguém pode, de fato, causar estresse emocional e ansiedade. A incapacidade de liberar essas emoções pode resultar em um impacto significativo na saúde mental, contribuindo para o desenvolvimento de transtornos como a ansiedade generalizada ou o estresse crônico. É importante lidar de forma saudável com esses sentimentos, buscando apoio emocional, terapia ou técnicas de gestão do estresse para promover o bem-estar emocional e mental.

Isolamento Social: Aqueles que não conseguem perdoar podem se isolar socialmente, afastando-se de amigos, familiares e até mesmo de novos relacionamentos. A falta de perdão pode criar barreiras interpessoais.

Impacto na Saúde Física: Estudos mostraram que a falta de perdão pode estar associada a problemas de saúde física, como hipertensão, problemas cardíacos e distúrbios do sono.

Perpetuação do Ciclo de Sofrimento: A recusa em perdoar pode manter a pessoa presa a um ciclo constante de sofrimento emocional. Isso pode impedir o crescimento pessoal e a busca de relacionamentos saudáveis.

Dificuldade em Construir Relacionamentos: A falta de perdão pode tornar difícil para a pessoa estabelecer e manter relacionamentos significativos. A desconfiança e o medo de serem feridos novamente podem criar barreiras interpessoais.

Impacto Espiritual: Para muitas tradições religiosas, o perdão é considerado uma virtude importante. A falta de perdão pode afetar a espiritualidade da pessoa e criar um afastamento de suas crenças e práticas religiosas. É importante notar que perdoar não significa necessariamente esquecer ou justificar o comportamento prejudicial de alguém. O perdão muitas vezes é mais benéfico para a pessoa que perdoa do que para a pessoa que é perdoada. Pode ser um processo difícil, mas muitas pessoas encontram paz e cura através do perdão.

A busca pelo perdão, à luz da Bíblia, envolve vários princípios e ensinamentos que podem ser aplicados em diferentes situações.

Aqui estão algumas orientações baseadas na perspectiva cristã:

Reconhecimento do Erro:

Versículo relacionado: Provérbios 28:13 - "O que encobre as suas transgressões nunca prosperará, mas o que as confessa e deixa alcançará misericórdia." Princípio: Reconhecer sinceramente o erro é o primeiro passo. Isso envolve admitir a culpa e buscar a Deus e à pessoa ofendida com humildade.

Arrependimento Genuíno: Versículo Relacionado: Atos 3:19 - "Arrependam-se, pois, e voltem-se para Deus, para que os seus pecados sejam cancelados." Princípio: O arrependimento verdadeiro envolve uma mudança de coração e de comportamento. É a decisão de abandonar os caminhos errados e seguir o caminho de Deus.

Busca do Perdão com Amor Fraternal: Versículo. Relacionado: Mateus 18:15 - "Se teu irmão pecar, vai corrigi-lo a sós; se ele te ouvir, terás ganho teu irmão." Princípio: Procurar o perdão envolve confrontar a pessoa ofendida com amor e respeito. Tente resolver a situação de forma privada e pacífica.

Oferecimento de Restituição:

Versículo. Relacionado:

Lucas 19:8 - "Zaqueu, porém, levantou-se e disse ao Senhor: 'Senhor, resolvo dar aos pobres a metade dos meus bens; e, se ne alguma coisa tenho defraudado alguém, restituo quatro vezes mais.

Princípio: Se possível, faça restituições tangíveis para corrigir as consequências do erro, seja financeira, emocional ou de outra forma.

Perdão ao Próximo: Versículo. Relacionado:

Colossenses 3:13 - "Suportai-vos uns aos outros, perdoai-vos mutuamente; como o Senhor vos perdoou, assim fazei vós também."

Princípio: Da mesma forma que buscamos perdão, devemos também perdoar aqueles que nos ofendem. O perdão é uma expressão do amor de Deus em nossas vidas. Confiança na Misericórdia Divina: Versículo Relacionado: Salmo 51:1 - "Tem misericórdia de mim, ó Deus, segundo a tua benignidade; apaga as minhas transgressões, segundo a multidão das tuas misericórdias." Princípio: Confie na misericórdia de Deus para perdoar os pecados quando buscamos sinceramente o arrependimento.

Lembre-se de que o perdão não é apenas um ato entre as pessoas, mas também é uma questão espiritual entre o indivíduo e Deus. A oração, a reflexão e a aplicação desses princípios podem ajudar no processo de buscar e conceder perdão. Pessoas que têm dificuldade em liberar perdão podem apresentar diversas características. É importante notar que essas características podem variar de pessoa para pessoa e nem sempre são exclusivas daqueles que têm dificuldade em perdoar. Algumas características comuns incluem:

Ressentimento: Pessoas que não liberam perdão frequentemente carregam sentimentos intensos de ressentimento em relação à pessoa que as magoou. Esse ressentimento pode ser duradouro e prejudicial para o bem-estar emocional.

Incapacidade de deixar o passado para trás: Elas tendem a reviver constantemente os eventos passados, mantendo viva a dor da situação que as magoou. Isso pode dificultar a aceitação e a superação do ocorrido.

Falta de empatia: Às vezes, a incapacidade de perdoar pode estar relacionada à falta de empatia em relação à perspectiva da outra pessoa. Entender o ponto de vista do agressor pode ser difícil para essas pessoas.

Pensamento rígido: Algumas pessoas que têm dificuldade em perdoar podem ter uma visão de mundo mais rígida e inflexível, o que as impede de considerar circunstâncias atenuantes ou mudanças nas pessoas ao longo do tempo.

Preocupação com o controle: Pessoas que têm dificuldade em perdoar podem acreditar erroneamente que perdoar é sinal de fraqueza ou que perderão controle sobre a situação ao liberar o perdão.

Padrões elevados e expectativas irreais: Elas podem ter padrões elevados e expectativas irreais em relação aos outros, tornando mais difícil aceitar falhas e erros alheios.

Autoproteção: Algumas pessoas veem a falta de perdão como uma forma de autoproteção, acreditando que isso as impede de serem magoadas novamente. No entanto, isso pode levar a relações interpessoais prejudicadas e isolamento emocional.

Orgulho excessivo: O orgulho excessivo pode impedir que algumas pessoas admitam que estão dispostas a perdoar, pois isso pode ser percebido como uma fraqueza. É importante ressaltar que perdoar não significa esquecer ou justificar as ações prejudiciais de alguém. O perdão muitas vezes é mais sobre liberar o poder que o passado tem sobre o presente do que sobre a outra pessoa. Pessoas que buscam o perdão muitas vezes se beneficiam de um processo de cura emocional e crescimento pessoal.

Perdoar pode ser uma tarefa desafiadora por várias razões, e as respostas podem variar de pessoa para pessoa. Aqui estão algumas razões comuns que podem tornar difícil o ato de perdoar:

Mágoa intensa: Se alguém foi ferido profundamente por ações ou palavras de outra pessoa, a mágoa resultante pode ser intensa. Superar essa dor pode levar tempo e esforço.

Falta de compreensão: Às vezes, é difícil perdoar porque a pessoa que causou a dor não demonstrou arrependimento ou compreensão sobre o impacto de suas ações. A falta de empatia pode tornar o perdão mais difícil.

Medo de ser vulnerável novamente: A experiência de ser machucado pode levar a uma relutância em se abrir para a possibilidade de ser ferido novamente. O ato de perdoar pode ser associado a uma sensação de vulnerabilidade.

Orgulho ferido: Algumas pessoas podem achar difícil perdoar porque isso pode parecer um sinal de fraqueza. O orgulho ferido pode ser um obstáculo para aceitar que perdoar é uma escolha corajosa e compassiva.

Expectativas não atendidas: Se as expectativas em relação ao comportamento de outra pessoa foram quebradas, pode ser difícil superar a decepção e perdoar.

Crenças pessoais: Algumas pessoas podem ter crenças arraigadas sobre justiça e punição, o que as impede de perdoar. Elas podem ver o perdão como uma renúncia à justiça.

Processo emocional complexo: O perdão não é apenas um ato lógico, mas também um processo emocional. Lidar com as emoções associadas ao perdão pode ser complicado e demorado.

Cultura e background: Fatores culturais e background pessoal também desempenham um papel. Em algumas culturas, o perdão pode ser mais enfatizado, enquanto em outras, pode ser visto de maneira diferente. Apesar dos desafios, o perdão pode ser benéfico para a saúde emocional e mental. Muitas pessoas descobrem que, ao perdoar, liberam o peso emocional e encontram uma sensação de paz. É importante lembrar que perdoar não significa esquecer, aprovar ou permitir repetições de comportamento prejudicial; em vez disso, é uma escolha consciente de liberar o poder emocional que a mágoa tem sobre você; A palavra "perdão" em grego é escrita como "συγγνώμη" (pronunciada como "syngnómi") e em hebraico é escrita como "סליחה" (pronunciada como "sliḥa").

10 Benefícios do perdão

O perdão é um ato poderoso que pode trazer uma série de benefícios para a saúde mental, emocional e até mesmo física. Aqui estão 10 benefícios do perdão:

Redução do Estresse: Perdoar libera a carga emocional negativa associada a sentimentos de raiva e ressentimento, reduzindo assim os níveis de estresse.

Melhora da Saúde Mental: O perdão está associado a uma melhor saúde mental, incluindo redução da depressão, ansiedade e sintomas de estresse pós-traumático.

Aprimoramento das Relações Interpessoais: O perdão fortalece os laços interpessoais, promovendo a empatia e a compreensão nas relações.

Aumento da Autoestima: Ao perdoar, você se liberta da negatividade e fortalece a autoestima, permitindo que se concentre em aspectos positivos da vida.

Promoção do Bem-Estar Emocional: O perdão contribui para um maior bem-estar emocional, promovendo sentimentos de paz e contentamento.

Alívio de Ressentimentos: O perdão libera a pessoa de carregar ressentimentos que podem ser tóxicos e prejudiciais ao bem-estar emocional.

Melhora da Saúde Física: Estudos sugerem que o perdão está associado a benefícios físicos, como menor pressão arterial e sistema imunológico mais forte.

Desenvolvimento da Resiliência: Perdoar ajuda a desenvolver a resiliência emocional, capacitando as pessoas a lidarem melhor com adversidades e desafios.

Fomento à Empatia: O perdão envolve compreender as experiências dos outros e cultivar a empatia, o que pode fortalecer as relações interpessoais.

Promoção de Mudanças Positivas: O ato de perdoar pode inspirar mudanças positivas tanto em quem perdoa quanto naquele que é perdoado, abrindo caminho para o crescimento pessoal e a transformação positiva. É importante notar que o perdão não significa necessariamente esquecer ou desculpar o comportamento prejudicial, mas sim liberar a carga emocional associada a essas experiências para buscar uma paz interior.

10 Consequência pela falta de perdão

A falta de perdão pode ter várias consequências negativas para a saúde emocional, mental e até física de uma pessoa. Aqui estão 10 possíveis consequências:

Ressentimento Persistente: A falta de perdão pode levar ao acúmulo de sentimentos de ressentimento, amargura e raiva em relação à pessoa que causou a mágoa.

Stress e Ansiedade: O ressentimento constante pode levar a níveis elevados de estresse e ansiedade, afetando negativamente o bem-estar emocional.

Isolamento Social: A pessoa pode se isolar emocionalmente, evitando relacionamentos próximos devido ao medo de ser magoada novamente.

Problemas de Saúde Mental: A falta de perdão tem sido associada a distúrbios mentais como depressão, transtorno de ansiedade e até mesmo transtornos alimentares.

Impacto nos Relacionamentos: A incapacidade de perdoar pode prejudicar relacionamentos futuros, pois a pessoa pode ter dificuldade em confiar e se abrir emocionalmente.

Ciclo de Negatividade: O ciclo de negatividade pode persistir, afetando outros aspectos da vida e criando um ambiente propício para mais conflitos.

Dificuldade em Avançar: A falta de perdão pode manter a pessoa presa ao passado, impedindo-a de seguir em frente e alcançar seu potencial máximo.

Efeitos Físicos: O estresse emocional crônico pode ter impactos físicos, como distúrbios do sono, dor crônica e até enfraquecimento do sistema imunológico.

Culpa Prolongada: Às vezes, a pessoa pode se culpar por não ter perdoado, criando um ciclo de culpa que perpetua o sofrimento emocional.

Ciclo de Repetição: A falta de perdão pode contribuir para padrões de comportamento negativos, repetindo relacionamentos prejudiciais ou perpetuando comportamentos autodestrutivos. É importante notar que o perdão não significa necessariamente reconciliação ou esquecimento do que aconteceu. Em muitos casos, perdoar é uma jornada pessoal para liberar o peso emocional associado à mágoa e permitir a cura.

Chave Oração

A importância da oração na Bíblia Sagrada é destacada em várias passagens que enfatizam a comunicação e a relação entre os crentes e Deus. A oração é considerada um meio fundamental de expressar fé, gratidão, arrependimento, adoração e petição a Deus. Aqui estão alguns pontos-chaves sobre a importância da oração na Bíblia:

Comunhão com Deus: A oração é vista como um meio de comunicação direta com Deus, permitindo que os crentes expressem seus pensamentos, sentimentos e necessidades a Ele.

Expressão de Fé: A Bíblia destaca a importância da fé na oração. Jesus, por exemplo, muitas vezes enfatizava a necessidade de ter fé ao orar (Mateus 21:22, Marcos 11:24).

Petição e Súplica: A oração é frequentemente usada para fazer pedidos a Deus. A Bíblia encoraja os crentes a apresentarem suas necessidades a Deus por meio da oração (Filipenses 4:6).

Arrependimento e Confissão: A oração é um meio de buscar o perdão de Deus por meio do arrependimento e da confissão de pecados. Davi, por exemplo, expressou seu arrependimento em oração no Salmo 51.

Agradecimento e Adoração: A Bíblia também ensina que a oração é um meio de expressar gratidão a Deus e adorá-Lo por Suas bênçãos e bondade (Colossenses 4:2, Filipenses 4:6).

Instrução e Orientação: A oração é vista como uma forma de buscar a orientação de Deus em tomadas de decisão e situações difíceis (Tiago 1:5).

Relacionamento Pessoal: A oração é fundamental para o desenvolvimento do relacionamento pessoal entre o crente e Deus. Jesus, em seus ensinamentos, enfatizou a necessidade de orar em particular (Mateus 6:6) como uma expressão de intimidade.

Exemplo de Jesus: Jesus Cristo, durante seu tempo na Terra, frequentemente buscava lugares isolados para orar e ensinou aos seus discípulos a importância da oração em suas vidas. Em resumo, a oração na Bíblia Sagrada é vista como uma prática essencial para o crescimento espiritual, a comunhão com Deus e a busca de Sua vontade na vida dos crentes. É uma forma de expressar fé, dependência de Deus e gratidão por Seu amor e provisão. A palavra "oração" na Bíblia tem sua origem no termo grego "proseuchē" (προ σ ε υ χ ή) no Novo Testamento, que significa uma súplica, pedido, ou comunicação reverente com Deus. No Antigo Testamento, a palavra hebraica equivalente é "trefila" (תְּפִלָּה). Ambas as palavras se referem à prática de se comunicar com Deus por meio da oração.

A importância da oração na Bíblia é destacada em várias passagens, e a prática da oração é considerada fundamental para a relação entre o ser humano e Deus. Jesus Cristo também enfatizou a importância da oração em seus ensinamentos, dando orientações específicas sobre como orar. A etimologia dessas palavras reflete a natureza da oração como um ato de comunicação e busca de relação com o divino, sendo uma prática central em muitas tradições religiosas. A ênfase de Jesus na oração pode ser entendida de várias maneiras, com base em suas palavras e ensinamentos registrados nos Evangelhos da Bíblia. Algumas razões fundamentais para a importância que Jesus atribuiu à oração incluem:

Relacionamento com Deus: Jesus enfatizou a oração como meio de estabelecer e manter um relacionamento íntimo com Deus. Ele próprio era um exemplo de uma vida de oração constante, retirando-se frequentemente para lugares isolados para orar.

Comunicação com Deus: A oração é vista como uma forma de comunicação direta com Deus. Jesus ensinou a seus seguidores a abordar Deus como um Pai amoroso e a compartilhar suas preocupações, necessidades e agradecimentos por meio da oração.

Dependência de Deus: Jesus ensinou a dependência de Deus para orientação, provisão e força. Ao orar, os indivíduos reconhecem sua dependência de Deus e buscam Sua vontade em suas vidas.

Busca de Orientação Divina: Jesus encorajou a busca da vontade de Deus por meio da oração. Ele próprio orou fervorosamente no Jardim do getsêmani antes de sua crucificação, buscando alinhamento com o plano divino.

Confiança na Eficácia da Oração: Jesus afirmou que a oração é eficaz e pode trazer mudanças significativas. Ele encorajou os discípulos a orarem com fé, acreditando que Deus ouviria e responderia às suas petições.

Fortalecimento Espiritual: A oração é vista como uma prática que fortalece a vida espiritual. Jesus enfatizou a importância de permanecer conectado a Deus por meio da oração para resistir às tentações e crescer espiritualmente. Exemplo para os Discípulos: Jesus, sendo o mestre espiritual, deu o exemplo de uma vida de oração constante. Ele incentivou os discípulos a seguir seu exemplo e a cultivar uma vida de oração regular. Em resumo, a ênfase de Jesus na oração reflete sua compreensão da importância do relacionamento com Deus, da comunicação constante com Ele, e da confiança na orientação divina para a vida dos indivíduos. A oração, para Jesus, era uma parte integral da jornada espiritual e da busca pela vontade de Deus. Jesus ensinou sobre a oração em várias passagens da Bíblia, destacando a importância da comunicação com Deus e fornecendo orientações sobre como orar. Algumas das principais passagens incluem:

Oração do Pai Nosso (Mateus 6:9-13; Lucas 11:1-4): Jesus deu aos discípulos uma oração modelo, conhecida como o Pai Nosso. Ele enfatizou a importância de dirigir-se a Deus como Pai, pedindo a Sua vontade e provisão diária. A oração do Pai Nosso, também conhecida como Oração do Senhor, é uma das orações mais conhecidas e recitadas no cristianismo. Ela é encontrada nos Evangelhos de Mateus (6:9-13) e Lucas (11:2-4) na Bíblia. Aqui estão algumas das principais lições e ensinamentos que a oração do Pai Nosso transmite:

Relacionamento com Deus: A oração começa com "Pai nosso", destacando um relacionamento íntimo e pessoal com Deus. Isso enfatiza a ideia de que Deus é nosso Pai celestial, e os cristãos são seus filhos espirituais.

Santificação do Nome de Deus: "Santificado seja o teu nome" expressa a reverência e a santificação do nome de Deus. Isso sugere um reconhecimento da santidade e majestade de Deus.

Reino de Deus: A frase "Venha o teu reino" expressa a esperança e o desejo de que o reino de Deus se estabeleça na Terra. Isso inclui a busca pela justiça, amor e paz que caracterizam o reino de Deus.

Vontade de Deus: "Seja feita a tua vontade, assim na terra como no céu" reflete a submissão à vontade de Deus. Isso implica em aceitar os planos divinos e buscar alinhar nossas vidas aos princípios divinos.

Provisão Diária: A oração inclui a petição por "o pão nosso de cada dia". Isso enfatiza a dependência de Deus para as necessidades básicas da vida e a confiança na provisão divina.

Perdão e Relações interpessoais: "Perdoa-nos as nossas dívidas, assim como nós perdoamos aos nossos devedores" destaca a importância do perdão mútuo e a consciência da necessidade de buscar o perdão de Deus.

Proteção e Livramento: "E não nos deixes cair em tentação, mas livra-nos do mal" expressa a necessidade de proteção contra as tentações e adversidades, confiando na orientação e cuidado de Deus.

Ênfase na Humildade: A oração encerra com uma declaração de humildade e reconhecimento da soberania de Deus: "Porque teu é o reino, o poder e a glória para sempre. Amém." A oração do Pai Nosso é uma expressão profunda de fé, submissão e confiança em Deus, ensinando valores fundamentais para a vida cristã. Esses ensinamentos têm ressonância além das fronteiras do cristianismo e são valorizados por muitas pessoas como princípios éticos universais.

Persistência na Oração (Lucas 18:1-8): Jesus contou a parábola do juiz iníquo e da viúva persistente para ensinar sobre a importância da perseverança na oração. Ele indicou que Deus é muito mais justo do que o juiz e ouvirá os pedidos de Seus filhos.

A Bíblia oferece várias passagens que destacam a importância da persistência na oração. Uma dessas passagens mais conhecidas é encontrada no Novo Testamento, no Evangelho de Lucas 18:1-8, onde Jesus conta a parábola do juiz iníquo e da viúva persistente. Nessa parábola, uma viúva busca justiça diante de um juiz injusto, e mesmo diante das recusas iniciais, ela continua a pedir justiça. Eventualmente, o juiz concede a sua petição devido à sua persistência constante. Outra passagem que ressalta a persistência na oração está em Mateus 7:7-8, onde Jesus diz: "Peçam, e lhes será dado; busquem, e encontrarão; batam, e a porta será aberta para vocês. Pois tudo o que pede, recebe; o que busca, encontra; e àquele que bate, a porta será aberta. "Essas passagens e outras semelhantes ensinam que devemos perseverar em nossas orações, buscando a Deus com sinceridade e confiança, mesmo que inicialmente não vejamos uma resposta imediata. A persistência na oração demonstra nossa confiança na bondade e na resposta de Deus, e muitas vezes, Ele responde de maneiras que superam nossas expectativas.

É importante notar que a persistência na oração não significa repetir palavras vazias mecanicamente, mas envolve um compromisso contínuo e uma busca sincera da presença e vontade de Deus em nossas vidas.

Confiança na Oração (Mateus 21:22; Marcos 11:24): Jesus enfatizou a importância da fé na oração, declarando que tudo o que pedirmos, crendo, será concedido. Isso destaca a confiança e a fé dos crentes ao se aproximarem de Deus em oração.

A Bíblia oferece várias passagens que destacam a importância da confiança na oração. Aqui estão algumas delas:

Filipenses 4:6-7 (NVI):"Não andem ansiosos por coisa alguma; antes, as vossas petições sejam em tudo conhecida diante de Deus, pela oração e súplicas, com ação de graças. E a paz de Deus, que excede todo o entendimento, guardará os vossos corações e as vossas mentes em Cristo Jesus. "Este versículo destaca a importância de entregar preocupações a Deus por meio da oração, com gratidão, e promete a paz de Deus em troca.

Mateus 21:22 (NVI):"E tudo o que pedirem em oração, se crerem, vocês receberão. "Jesus ensina que a fé desempenha um papel crucial na eficácia da oração. Ter fé em Deus é fundamental para receber o que é pedido.

Tiago 5:16 (NVI):"Portanto, confessem os seus pecados uns aos outros e orem uns pelos outros para serem curados. A oração de uma pessoa justa é poderosa e eficaz. "Este versículo destaca a eficácia da oração, especialmente quando é feita por uma pessoa justa. A confissão e a oração mútua são incentivadas.

1 João 5:14-15 (NVI):"Esta é a confiança que temos ao nos aproximarmos de Deus: se pedirmos alguma coisa de acordo com a sua vontade, ele nos ouve. E se sabemos que ele nos ouve em tudo o que pedimos, sabemos que temos o que dele pedimos. "Este versículo destaca a importância de alinhar nossas petições à vontade de Deus, indicando que Deus ouve e responde às orações feitas em conformidade com Sua vontade.

Mateus 6:6 (NVI):"Mas quando você orar, vá para seu quarto, feche a porta e ore a seu Pai, que está invisível. Então seu Pai, que vê o que está feito em segredo, o recompensará. "Jesus também ensina sobre a necessidade de orar em particular, sugerindo que a oração é uma comunicação íntima com Deus. Essas passagens destacam a confiança na oração como um ato de fé e submissão à vontade de Deus, enfatizando a importância da sinceridade, da gratidão e da fé durante o processo de oração.

Oração em Nome de Jesus (João 14:13-14; João 16:23-24): Jesus ensinou que os crentes deveriam orar em Seu nome. Isso não significa simplesmente adicionar "em nome de Jesus" ao final de uma oração, mas sim orar em alinhamento com os Seus ensinamentos e desejos.

A Bíblia contém várias passagens que abordam a importância e o poder da oração, especialmente quando feita em nome de Jesus. Aqui estão algumas referências que destacam esse tema:

João 14:13-14 (NVI):"E eu farei o que vocês pedirem em meu nome, para que o Pai seja glorificado no Filho. O que vocês pedirem em meu nome, eu o farei.

" João 16:23-24 (NVI):"Naquele dia, vocês não pedirão mais nada a mim. Eu asseguro que meu Pai dará a vocês tudo o que pedirem em meu nome. Até agora vocês não pediram nada em meu nome. Peçam e receberão, para que a alegria de vocês seja completa."

Mateus 18:19-20 (NVI):"Também lhes digo que, se dois de vocês concordarem na terra em qualquer assunto sobre o qual pedirem, isso lhes será feito por meu Pai que está nos céus. Pois onde se reunirem dois ou três em meu nome, ali eu estou no meio deles."

Filipenses 4:6-7 (NVI):"Não andem ansiosos por coisa alguma, mas em tudo, pela oração e súplicas, e com ação de graças, apresentem seus pedidos a Deus. E a paz de Deus, que excede todo o entendimento, guardará os seus corações e as suas mentes em Cristo Jesus." Essas passagens enfatizam que a oração feita em nome de Jesus é poderosa e que Deus responde às petições que estão alinhadas com a vontade dele. O nome de Jesus é considerado uma autoridade espiritual, e a fé na eficácia da oração é um tema central nas escrituras cristãs. Vale ressaltar que a interpretação desses versículos pode variar entre diferentes tradições cristãs.

Oração com Humildade (Lucas 18:9-14): Jesus contou a parábola do fariseu e do publicano para destacar a importância da humildade na oração. Aqueles que se humilham diante de Deus são exaltados, enquanto os orgulhosos são humilhados. A Bíblia aborda o tema da oração com humildade em vários versículos, ensinando a importância de se aproximar de Deus com um coração humilde e submisso. Aqui estão alguns exemplos:

Tiago 4:10 (NVI): "Humilhai-vos diante do Senhor, e ele vos exaltará. "Este versículo destaca a conexão entre humildade e exaltação por parte de Deus. Ao se humilhar diante de Deus na oração, a pessoa reconhece sua dependência Dele.

Mateus 6:6 (NVI): "Mas tu, quando orares, entra no teu aposento e, fechando a tua porta, ora a teu Pai que está em secreto; e teu Pai, que vê em secreto, te recompensará publicamente. "Jesus ensina sobre a importância da oração pessoal e discreta. A humildade está presente ao buscar a comunhão com Deus em um ambiente privado e íntimo.

1 Pedro 5:6 (NVI): "Humilhai-vos, portanto, sob a poderosa mão de Deus, para que ele vos exalte no devido tempo. "Pedro enfatiza a humildade como uma atitude que prepara o caminho para a exaltação divina no tempo apropriado.

Lucas 18:9-14 (NVI): A Parábola do Fariseu e do Publicano destaca a diferença entre a oração arrogante e a oração humilde. O publicano, reconhecendo sua pecaminosidade, vai para casa justificado diante de Deus. Neste relato, Jesus destaca a importância de se aproximar de Deus com humildade, reconhecendo a necessidade de perdão e a dependência total Dele.

Filipenses 4:6-7 (NVI): "Não andeis ansiosos por coisa alguma; antes, as vossas petições sejam em tudo conhecida diante de Deus, pela oração e súplicas, com ação de graças. E a paz de Deus, que excede todo o entendimento, guardará os vossos corações e as vossas mentes em Cristo Jesus. "Aqui, Paulo ensina sobre a oração como um meio de apresentar nossas preocupações a Deus, mas fazendo isso com a atitude de gratidão e humildade. Em resumo, a Bíblia ensina que a oração com humildade envolve reconhecer nossa dependência de Deus, submeter-se à Sua vontade, confessar nossas fraquezas e pecados, e buscar comunhão íntima com Ele. A humildade na oração é vista como uma atitude que abre o caminho para a bênção e a exaltação divina.

Perdão na Oração (Mateus 6:14-15; Marcos 11:25-26): Jesus enfatizou a necessidade de perdoar os outros ao orar. Ele indicou que, se não perdoarmos os outros, Deus também não nos perdoará. Esses ensinamentos ressaltam a importância da sinceridade, da fé, da humildade e do perdão na vida de oração dos seguidores de Jesus. Ele incentivou uma conexão profunda e pessoal com Deus por meio da oração, demonstrando que a oração é uma ferramenta poderosa na vida do crente. A Bíblia ensina sobre o perdão em várias passagens, e a oração é frequentemente mencionada como um meio para buscar e oferecer perdão. Aqui estão algumas passagens que abordam o perdão na Bíblia:

Mateus 6:14-15 (NVI):"Pois, se perdoarem as ofensas uns dos outros, o Pai celestial também os perdoará. Mas se não perdoarem uns aos outros, o Pai de vocês não os perdoará. "Essas palavras são parte do Sermão da Montanha, onde Jesus enfatiza a importância do perdão mútuo como condição para receber o perdão divino.

Efésios 4:31-32 (NVI):"Livrem-se de toda amargura, indignação e ira, gritaria e calúnia, bem como de toda maldade. Sejam bondosos e compassivos uns para com os outros, perdoando-se mutuamente, assim como Deus os perdoou em Cristo. "Essa passagem destaca a importância de abandonar sentimentos negativos e praticar o perdão, baseando-se no exemplo do perdão divino por meio de Cristo.

Colossenses 3:13 (NVI):"Suportem-se uns aos outros e perdoem as queixas que tiverem uns contra os outros. Perdoem como o Senhor lhes perdoou. "Aqui, a ênfase está em seguir o exemplo de Deus no perdão ao perdoar os outros.

Lucas 17:3-4 (NVI):"Se o seu irmão pecar, repreenda-o e, se ele se arrepender, perdoe-lhe. Se pecar contra você sete vezes no dia, e sete vezes voltar a você, dizendo 'Estou arrependido', perdoe-lhe. "Essa passagem destaca a natureza contínua e generosa do perdão, mesmo diante de repetidos arrependimentos. Ao abordar o perdão na oração, muitos cristãos usam essas passagens como base para pedir perdão a Deus por seus próprios pecados e para buscar a capacidade de perdoar aqueles que os ofenderam. A oração é vista como um meio de buscar a graça e a orientação divinas para cultivar um coração perdoador.

A vida de oração pode oferecer diversos benefícios, tanto para o bem-estar espiritual quanto para o emocional e mental. Aqui estão 10 benefícios da vida de oração:

Fortalecimento Espiritual: A oração é uma maneira de se conectar com algo maior do que você, fortalecendo sua fé e espiritualidade.

Paz Interior: A oração pode proporcionar um senso de paz e tranquilidade, ajudando a aliviar o estresse e a ansiedade.

Clareza Mental: Ao dedicar um tempo para a oração, você pode experimentar uma maior clareza mental e foco em suas atividades diárias.

Resiliência: A prática regular da oração pode ajudar a desenvolver resiliência emocional, permitindo enfrentar os desafios da vida de uma maneira mais positiva.

Expressão de Gratidão: A oração muitas vezes inclui momentos de agradecimento, o que pode cultivar um estado mental mais positivo e grato.

Desenvolvimento de Caráter: A oração pode incentivar a reflexão sobre seus valores e ajudar no desenvolvimento de um caráter mais compassivo e ético.

Compreensão Pessoal: Ao orar, você pode ter uma compreensão mais profunda de si mesmo, suas necessidades, desejos e propósito na vida.

Relacionamentos mais profundos: A oração pode fortalecer os laços com outras pessoas, seja através da oração comunitária ou da intercessão por aqueles que você ama.

Alívio Emocional: Ao compartilhar suas preocupações, medos e alegrias através da oração, você pode experimentar alívio emocional e consolo.

Sentido de Propósito: A oração pode fornecer um senso de propósito e direção na vida, ajudando a orientar suas escolhas e ações. Lembre-se de que os benefícios da vida de oração podem variar para cada indivíduo, pois cada pessoa pode ter uma experiência única e pessoal ao se envolver nessa prática.

Chave Fé

A Bíblia frequentemente destaca a importância da fé em Deus porque a fé é considerada uma dimensão vital da relação entre os seres humanos e o divino. Aqui estão algumas razões principais pelas quais a fé é tão enfatizada na Bíblia:

Relacionamento pessoal: A Bíblia descreve a fé como a base de um relacionamento pessoal com Deus. Através da fé, as pessoas confiam em Deus, acreditam em Seu caráter e confiam em Suas promessas. Esse relacionamento é frequentemente comparado a uma aliança entre Deus e Seu povo.

Salvação pela fé: Em várias partes do Novo Testamento, especialmente nas epístolas de Paulo, é enfatizado que a salvação é alcançada pela fé em Jesus Cristo.

Isso significa que a crença na obra redentora de Cristo é fundamental para a obtenção da salvação.

Superando desafios: A Bíblia muitas vezes relata histórias de pessoas que enfrentaram desafios, provações e adversidades, e que, através da fé em Deus, foram capazes de superar essas dificuldades. Isso serve como um exemplo para os leitores sobre como a fé pode ser uma fonte de força e esperança mesmo em tempos difíceis. Confiando nas promessas de Deus: A Bíblia está repleta de promessas de Deus aos Seus filhos. A fé é vista como a resposta a essas promessas, acreditando que Deus é fiel e cumprirá o que prometeu.

O papel transformador da fé: A Bíblia ensina que a fé não é apenas uma crença intelectual, mas algo que transforma a vida das pessoas. Aqueles que têm fé em Deus são incentivados a viver de acordo com essa fé, demonstrando amor, bondade e obediência a Deus e aos outros

. Adoração e reverência: A fé também é fundamental na adoração a Deus. Acreditar na existência de Deus e em Seu poder é um componente central da adoração, e muitos salmos e passagens de louvor na Bíblia refletem essa confiança e reverência. Em resumo, a fé é um tema central na Bíblia porque representa a confiança, a lealdade e a resposta ativa dos crentes ao relacionamento com Deus e Sua revelação. Ela desempenha um papel vital na vida espiritual e prática dos que seguem as Escrituras.

A fé na Bíblia Sagrada é uma experiência profundamente pessoal e significativa para muitas pessoas. Aqui estão 10 pontos positivos associados à fé na Bíblia: Guia Moral:

A Bíblia oferece orientações éticas e morais que muitos seguidores consideram fundamentais para viver uma vida justa e compassiva. Consolo Espiritual: Muitas pessoas encontram consolo nas mensagens de esperança, perdão e amor presentes na Bíblia, especialmente em momentos de dificuldade. Força em Adversidades: A fé na Bíblia pode proporcionar força e resistência em tempos difíceis, fornecendo um alicerce espiritual sólido para enfrentar desafios.

Comunidade Religiosa: A Bíblia é frequentemente o texto central que une comunidades religiosas, proporcionando uma base comum de crenças e valores.

Propósito de Vida: Muitos encontram significado e propósito em suas vidas ao seguir os ensinamentos e princípios encontrados na Bíblia.

Amor ao Próximo: A mensagem de amor ao próximo, como ensinada na Bíblia, inspira muitos a praticar a compaixão e a generosidade em relação aos outros.

Esperança Futura: A Bíblia oferece uma visão de esperança para o futuro, prometendo uma vida eterna para aqueles que seguem a fé cristã.

Desenvolvimento Pessoal: Muitos encontram inspiração na Bíblia para crescer e se desenvolver pessoalmente, buscando aprimorar suas virtudes e superar suas fraquezas. Liberdade Espiritual: A fé na Bíblia pode proporcionar uma sensação de liberdade espiritual, permitindo que as pessoas se libertem de medos e ansiedades por meio da confiança em Deus.

Ritual e Adoração: A Bíblia desempenha um papel central em muitas práticas religiosas e rituais, proporcionando um caminho estruturado para a adoração e a expressão da fé. É importante observar que esses pontos são percebidos de maneira subjetiva e podem variar entre diferentes indivíduos e tradições religiosas. A fé é uma jornada pessoal e única para cada pessoa.

Na Bíblia, há vários personagens que são destacados por viverem pela fé, confiando totalmente em Deus em meio a circunstâncias desafiadoras.

Alguns desses personagens incluem:

Abraão: Conhecido como o pai da fé, Abraão foi chamado por Deus para deixar sua terra natal e seguir para uma terra que Deus mostraria a ele. Ele confiou em Deus mesmo quando parecia impossível ter um filho na velhice, e sua fé foi-lhe creditada como justiça.

Sara: A esposa de Abraão, Sara, também demonstrou fé quando Deus prometeu a eles um filho, apesar de sua idade avançada. Ela inicialmente duvidou, mas mais tarde acreditou e deu à luz a Isaque.

Moisés: Escolhido por Deus para liderar os israelitas fora do Egito, Moisés enfrentou muitos desafios, mas confiou na providência divina. Ele liderou o povo pelo deserto durante 40 anos, confiando em Deus para orientação.

Josué: Após a morte de Moisés, Josué liderou os israelitas na conquista da Terra Prometida. Ele demonstrou fé em Deus ao obedecer às instruções divinas, como na queda das muralhas de Jericó.

Rute: Uma mulher coabita que, pela fé, escolheu seguir sua sogra, Noemi, e se tornou parte da linhagem de Davi e, eventualmente, de Jesus.

Davi: O rei Davi é conhecido por sua fé e coragem ao enfrentar o gigante Golias. Além disso, muitos dos salmos escritos por Davi refletem sua confiança e dependência de Deus.

Daniel: Daniel foi um profeta que viveu na Babilônia durante o exílio israelita. Ele demonstrou fé ao permanecer fiel a Deus, mesmo quando enfrentou perseguições e desafios.

Esther: Uma rainha judia que, corajosamente, arriscou sua vida ao interceder pelo seu povo diante do rei persa, demonstrando uma confiança profunda em Deus. Estes são apenas alguns exemplos, e a Bíblia está cheia de histórias de pessoas que viveram pela fé em Deus em diferentes circunstâncias. A palavra "fé" tem uma significativa presença na Bíblia, sendo um tema central em várias passagens.

A etimologia da palavra "fé" na Bíblia está relacionada ao termo grego "pistes" e ao termo hebraico "empunha" (ou "emona" em algumas transliterações). Pistes (grego): No Novo Testamento, escrito em grego, a palavra principal para "fé" é "pistes" (πίστις). Essa palavra é derivada do verbo grego "pisteuo" (πιστεύω), que significa "acreditar" ou "confiar". A fé, nesse contexto, é frequentemente associada à confiança e à crença em Deus. Emunah (hebraico): No Antigo Testamento, escrito principalmente em hebraico, a palavra correspondente é "empunha" (אֱמוּנָה). Essa palavra também está relacionada à ideia de confiança e fidelidade.

É usada para descrever a relação de confiança entre Deus e seu povo, bem como a fé que as pessoas devem ter em Deus. A fé na Bíblia não é apenas uma aceitação intelectual de certos fatos, mas envolve uma confiança profunda, comprometimento e uma relação pessoal com Deus.

O conceito de fé na Bíblia vai além da simples crença racional e inclui a confiança no caráter de Deus e a resposta ativa a essa confiança por meio da obediência e fidelidade. Essa compreensão mais ampla da fé é transmitida através do uso dessas palavras tanto no Antigo quanto no Novo Testamento.

Chave Comunhão

A Bíblia aborda o tema da comunhão de diferentes maneiras, referindo-se tanto à comunhão entre Deus e os crentes como à comunhão entre os próprios crentes. Aqui estão algumas passagens relevantes: Comunhão com Deus: 1 Coríntios 1:9 (NVI): "Fiel é Deus, o qual os chamou à comunhão com seu Filho Jesus Cristo, nosso Senhor."1 João 1:3 (NVI): "Nós anunciamos a vocês o que temos visto e ouvido para que vocês também tenham comunhão conosco. A nossa comunhão é com o Pai e com seu Filho, Jesus Cristo." Comunhão entre os crentes: Atos 2:42 (NVI): "Eles se dedicavam ao ensino dos apóstolos e à comunhão, ao partir do pão e às orações." 1 Coríntios 10:16-17 (NVI): "O cálice da bênção que abençoamos não é a comunhão com o sangue de Cristo? E o pão que partimos não é a comunhão com o corpo de Cristo? Porque há um só pão, nós, embora muitos, somos um só corpo, pois todos participamos de um único pão.

" Importância da comunhão na Ceia do Senhor: 1 Coríntios 11:23-26 (NVI): Estas passagens descrevem a instituição da Ceia do Senhor por Jesus, onde Ele pede aos discípulos para participarem do pão e do vinho em Sua memória, simbolizando a comunhão com Seu corpo e sangue. A comunhão na Bíblia destaca a importância do relacionamento íntimo com Deus e a união entre os seguidores de Cristo. Ela envolve compartilhar a fé, a vida espiritual e, muitas vezes, a prática da Ceia do Senhor como um símbolo tangível dessa comunhão. A palavra "comunhão" tem suas raízes etimológicas no latim. Na Bíblia, tanto no Antigo Testamento quanto no Novo Testamento, o termo originalmente utilizado em hebraico e grego, respectivamente, não é exatamente "comunhão", mas conceitos relacionados são expressos. No Antigo Testamento, a palavra hebraica "bonomia" é usada para descrever a comunhão ou a participação em algo em comum. Ela aparece em textos como Levítico 7:14 e Malaquias 2:10. No Novo Testamento, a palavra grega "bonomia" é usada, e é ela que está mais diretamente relacionada à ideia de comunhão. Em termos etimológicos, a palavra "comunhão" deriva do latim "comunico", que significa "participação em comum", "associação" ou "união". A palavra latina "comunico" é a base para o termo em português "comunhão".

Portanto, ao examinar a etimologia da palavra "comunhão" na Bíblia, é interessante observar as origens tanto no hebraico quanto no grego, pois esses são os idiomas originais dos textos bíblicos, e a palavra latina "comunico" desempenha um papel na transmissão desse conceito para a língua portuguesa. Certamente, a Bíblia contém diversos versículos que destacam a importância da comunhão entre os crentes. Aqui estão cinco versículos que abordam esse tema:

1 Coríntios 10:16-17 (NVI): "O cálice da bênção que abençoamos não é a comunhão com o sangue de Cristo? E o pão que partimos não é a comunhão com o corpo de Cristo? Uma vez que há um só pão, nós, que somos muitos, somos um só corpo, pois todos participamos do mesmo pão." 1 João 1:7 (NVI): "Se,

porém, andarmos na luz, como ele está na luz, temos comunhão uns com os outros, e o sangue de Jesus, seu Filho, nos purifica de todo pecado." Atos 2:42 (NVI): "Eles se dedicavam ao ensino dos apóstolos e à comunhão, ao partir do pão e às orações." Hebreus 10:24-25 (NVI): "E consideremo-nos uns aos outros para incentivar-nos ao amor e às boas obras. Não deixemos de reunir-nos como igreja, segundo o costume de alguns, mas encorajemo-nos uns aos outros, ainda mais quando vocês veem que se aproxima o Dia." 1 Coríntios 1:9 (NVI): "Fiel é Deus, o qual os chamou à comunhão com seu Filho Jesus Cristo, nosso Senhor." Esses versículos ressaltam a importância da comunhão entre os crentes, destacando a união no corpo de Cristo, o compartilhamento na mesa do Senhor e o estímulo mútuo para o amor e boas obras.

A Bíblia apresenta vários personagens que viveram em comunhão com Deus e desfrutaram de Suas bênçãos.

Aqui estão 10 personagens bíblicos que se destacam nesse aspecto:

Abraão: Conhecido como o pai da fé, Abraão viveu em íntima comunhão com Deus e recebeu a promessa de ser o pai de uma grande nação. Moisés: Ele conduziu os filhos de Israel fora do Egito, conversou com Deus no Monte Sinai e experimentou uma relação única com o Senhor. Davi: O rei Davi foi chamado de "um homem segundo o coração de Deus" e desfrutou de uma relação especial com o Senhor, apesar de suas falhas. José: O filho de Jacó, José, experimentou a comunhão com Deus enquanto enfrentava desafios como escravo no Egito, eventualmente ascendendo a uma posição de autoridade. Daniel: Mesmo em meio à adversidade, Daniel manteve uma comunhão profunda com Deus e testemunhou Seu poder em várias situações.

Esther: Embora o nome de Deus não seja mencionado no Livro de Ester, a história revela como Esther viveu em comunhão com Deus para enfrentar os desafios e salvar seu povo. Rute: Rute é um exemplo de fidelidade e comunhão com Deus. Sua história é um testemunho de como Deus recompensa a lealdade. Maria (mãe de Jesus): Maria foi agraciada com o papel de ser a mãe do Salvador, Jesus Cristo, e viveu em comunhão íntima com Deus. Pedro: Um dos discípulos mais próximos de Jesus, Pedro experimentou a comunhão especial com o Mestre e desempenhou um papel vital na propagação do evangelho. Paulo: Anteriormente conhecido como Saulo, Paulo teve uma transformação dramática e viveu em comunhão íntima com Cristo. Ele se tornou um dos apóstolos mais influentes na disseminação do cristianismo. Esses personagens bíblicos são exemplos de indivíduos que buscaram Deus em suas vidas e foram abençoados por Sua presença e orientação.

Cada um deles enfrentou desafios, mas sua fé e comunhão com Deus foram fundamentais para suas jornadas. É importante esclarecer que a interpretação das bênçãos de Deus na comunhão pode variar de acordo com a perspectiva teológica e religiosa de diferentes tradições cristãs.

Abaixo estão dez pontos comuns que muitos cristãos consideram como bênçãos na comunhão: Perdão dos Pecados: A comunhão é vista como um meio de receber o perdão divino, renovando a relação com Deus e restaurando a comunhão que foi quebrada pelo pecado.

Comunhão com Deus: Ao participar da comunhão, os crentes buscam uma experiência mais íntima e próxima de Deus, fortalecendo sua relação espiritual. Crescimento Espiritual: A comunhão é vista como um meio de crescimento espiritual, proporcionando nutrição para a alma e fortalecendo a fé do crente. Lembrança do Sacrifício de Cristo: A celebração da comunhão é uma maneira de lembrar o sacrifício de Jesus na cruz e reconhecer o significado redentor de sua morte e ressurreição. Renovação da Aliança: Muitas tradições cristãs veem a comunhão como uma renovação da aliança entre Deus e seu povo, reafirmando o compromisso mútuo. Unidade dos Crentes: A comunhão também simboliza a unidade dos crentes como um corpo, compartilhando da mesma mesa espiritual e reconhecendo a fraternidade entre os membros da fé. Esperança na Vida Eterna: A comunhão é associada à esperança na vida eterna, lembrando os crentes da promessa de salvação e da expectativa do reino vindouro. Cura e Restauração: Algumas tradições acreditam na capacidade da comunhão de trazer cura espiritual e restauração emocional, proporcionando consolo e paz aos participantes. Empoeiramento pelo Espírito Santo: A comunhão é vista como um momento em que os crentes são fortalecidos pelo Espírito Santo, capacitando-os para uma vida cristã plena e eficaz. Agradecimento e Louvor: Participar da comunhão é uma oportunidade para os crentes expressarem gratidão a Deus por sua graça e misericórdia, além de oferecerem louvor pela obra salvadora de Cristo. É importante ressaltar que esses pontos representam uma visão geral e podem variar de acordo com a denominação e interpretação teológica específica de cada grupo cristão.

Chave Adoração

A Bíblia Sagrada aborda o tema da adoração de várias maneiras ao longo de seus livros. A adoração, em termos religiosos, geralmente se refere a prestar homenagem, reverência e culto a Deus. Aqui estão algumas passagens relevantes:

Adoração exclusiva a Deus: Êxodo 20:3-5 (Os Dez Mandamentos) - "Não terás outros deuses diante de mim... Não te prostrarás diante deles, nem lhes prestarás culto." Adoração em espírito e verdade: João 4:23-24 - "Mas vem a hora, e já chegou, em que os verdadeiros adoradores adorarão o Pai em espírito e em verdade; porque são estes que o Pai procura para seus adoradores. Deus é espírito, e importa que os seus adoradores o adorem em espírito e em verdade." Adoração através da obediência: 1 Samuel 15:22 - "Porventura tem o Senhor tanto prazer em holocaustos e sacrifícios quanto em que se obedeça à sua palavra? Eis que o obedecer é melhor do que o sacrificar, e o atender, melhor do que a gordura de carneiros.

Adoração em comunidade: Hebreus 10:25 - "Não deixemos de reunir-nos como igreja, segundo o costume de alguns, mas procuremos encorajar-nos uns aos outros, ainda mais quando vocês veem que se aproxima o Dia." Adoração em atitudes e ações: Romanos 12:1 - "Rogo-vos, pois, irmãos, pelas misericórdias de Deus, que apresenteis o vosso corpo por sacrifício vivo, santo e agradável a Deus, que é o vosso culto racional." Adoração em louvor e música: Salmo 95:1-2 - "Vinde, cantemos ao Senhor com júbilo; celebremos o Rochedo da nossa salvação.

Apresentemo-nos diante dele com ações de graças, e celebremo-lo com salmos." É importante notar que diferentes tradições e interpretações religiosas podem enfatizar aspectos específicos da adoração, e a compreensão das Escrituras pode variar entre as denominações. Monoteísmo e exclusividade divina: Muitas religiões monoteístas, como o Judaísmo, Cristianismo e Islamismo, ensinam a crença em um único Deus. A exclusividade na adoração pode ser vista como uma expressão dessa fé em um Deus único, sem parceiros ou divindades concorrentes.

Ensinamentos morais e éticos: Em várias tradições religiosas, Deus é concebido como um ser supremo que personifica a perfeição moral e ética. A adoração exclusiva pode ser vista como uma resposta a essa perfeição, incentivando os crentes a concentrar sua devoção em um ser que representa os mais altos padrões éticos. Fé e lealdade: A exclusividade na adoração pode ser vista como uma expressão de fé e lealdade.

Acreditar em um Deus específico e adorá-Lo exclusivamente pode ser considerado um ato de devoção e confiança, demonstrando uma relação íntima e dedicada. Proibição da idolatria: Algumas religiões proíbem a idolatria, ou seja, a adoração de ídolos ou divindades falsas. A adoração exclusiva, nesse contexto, é uma maneira de evitar que os crentes se desviem para outras formas de culto que não estejam alinhadas com os princípios da fé. É importante notar que as respostas a essa pergunta podem variar de acordo com as tradições religiosas específicas e as interpretações individuais. Nem todas as religiões ou filosofias espirituais compartilham a mesma compreensão sobre a natureza de Deus ou a necessidade de adoração exclusiva. A palavra "adoração" tem origens no latim. Ela deriva de o verbo latino "adorar", que significa "prestar homenagem" ou "render culto". O termo é formado pelo prefixo "ad-", que denota proximidade ou direção, e "orar", que significa "rezar" ou "falar em oração".

Portanto, "adoração" inicialmente implicava a ideia de prestar homenagem a algo divino através de orações, reverência e culto. Ao longo do tempo, o significado da palavra pode ter evoluído para abranger diferentes formas de expressão de devoção e reverência, não limitadas apenas à esfera religiosa, mas também podendo ser aplicadas a figuras, ideias ou objetos considerados dignos de grande respeito e veneração certamente! Aqui estão cinco versículos bíblicos que falam sobre a importância de adorar a Deus: Salmos 95:6 (NVI): "Venham, adoremos prostrados e ajoelhemos diante do Senhor, o nosso Criador;" João 4:23-24 (NVI): "Mas vem a hora, e de fato já chegou, em que os verdadeiros adoradores adorarão o Pai em espírito e em verdade. São estes os adoradores que o Pai procura. Deus é espírito, e é necessário que os seus adoradores o adorem em espírito e em verdade." Êxodo 23:25 (NVI):"Adorem o Senhor, o seu Deus, e a sua bênção estará sobre o seu alimento e água. Eu afastarei do meio de vocês toda doença;"

Apocalipse 4:11 (NVI):"Digno és, Senhor e Deus nosso, de receber a glória, a honra e o poder, porque criaste todas as coisas, e por tua vontade elas existem e foram criadas." Mateus 4:10 (NVI): "Jesus lhe disse: Retire-se, Satanás! Pois está escrito: 'Adore o Senhor, o seu Deus, e só a ele preste culto. Esses versículos destacam a importância de adorar a Deus com humildade, sinceridade, em espírito e verdade, reconhecendo a soberania e a criação divina. Certamente! Aqui estão 10 pontos na Bíblia que destacam personagens que adoraram a Deus em meio às lutas: Davi enfrentando Golias (1 Samuel 17): Davi confiou em Deus e adorou antes da batalha, confiante na vitória divina. Jó em meio às suas aflições (Livro de Jó): Jó adorou a Deus mesmo após perder tudo, declarando:

"O Senhor deu, e o Senhor tirou; bendito seja o nome do Senhor". Paulo e Silas na prisão (Atos 16:25): Mesmo presos e em condições difíceis, Paulo e Silas adoraram a Deus, e ocorreu um terremoto libertando-os. Ana, mãe de Samuel (1 Samuel 1): Mesmo em sua aflição por não ter filhos, Ana adorou a Deus e, eventualmente, deu à Luz Samuel. Daniel na cova dos leões (Daniel 6): Daniel continuou adorando a Deus, mesmo quando enfrentou a ameaça da cova dos leões por causa de sua fé. José no Egito (Gênesis 39): Mesmo em meio às injustiças e dificuldades, José manteve sua fé e adorou a Deus. Abraão sacrificando Isaque (Gênesis 22): Abraão demonstrou sua adoração a Deus ao estar disposto a sacrificar seu próprio filho, obedecendo a Deus. A adoração de mirai após a travessia do Mar Vermelho (Êxodo 15): Mirai liderou uma celebração de adoração após a libertação do povo de Israel do Egito.

Estêvão antes de ser apedrejado (Atos 7): Estêvão, mesmo enfrentando a morte, adorou a Deus e teve uma visão celestial antes de ser martirizado. Paulo e Silas na prisão de Filip os (Atos 16): Além da primeira ocorrência mencionada, este episódio destaca novamente a adoração de Paulo e Silas, levando à conversão do carcereiro. Esses exemplos ilustram como a adoração a Deus pode ser uma resposta poderosa e confiante em meio às lutas e desafios da vida. A Bíblia apresenta diversas passagens que abordam a adoração a Deus em diferentes contextos. As condições para adorar ao Deus de Israel podem variar dependendo do livro, do contexto histórico e das circunstâncias específicas descritas. Aqui estão algumas condições e princípios gerais encontrados na Bíblia em relação à adoração a Deus:

Adoração em Espírito e em Verdade: Jesus enfatizou em João 4:23-24 que a verdadeira adoração envolve adorar em espírito e em verdade. Isso sugere uma adoração sincera e genuína, que vem do coração e está em conformidade com a verdade revelada por Deus.

Obediência aos Mandamentos: Em várias partes do Antigo Testamento, a obediência aos mandamentos de Deus é associada à adoração verdadeira. Por exemplo, em Êxodo 20, os Dez Mandamentos fornecem diretrizes éticas fundamentais para a vida, e seguir esses mandamentos é uma expressão de adoração a Deus.

Amor ao Próximo: Jesus destacou a importância do amor ao próximo como parte integrante da adoração a Deus. Em Mateus 22:37-40, Ele resume os mandamentos, incluindo o amor a Deus e ao próximo.

Arrependimento e Humildade: A Bíblia frequentemente destaca a importância do arrependimento e da humildade como condições para se achegar a Deus em adoração. Por exemplo, em 2 Crônicas 7:14, Deus promete responder à oração e perdoar pecados quando as pessoas se humilham, oram e se arrependem.

Serviço e Justiça: A adoração verdadeira também está ligada ao serviço e à prática da justiça. Em Amós 5:21-24, Deus repreende aqueles que oferecem sacrifícios, mas negligenciam a justiça e a compaixão.

Fé e Confiança: A Bíblia destaca a importância da fé e confiança em Deus como parte integrante da adoração. Hebreus 11 é conhecido como o capítulo da fé, destacando a fé como um elemento central na relação com Deus. Concentração no Coração, não Apenas em Rituais Externos: Em várias passagens, a Bíblia alerta contra a adoração meramente externa, sem um coração dedicado a Deus. Isso é enfatizado, por exemplo, em Isaías 29:13 e Mateus 15:8. Lembre-se de que estas são apenas algumas diretrizes gerais, e a interpretação específica pode variar entre diferentes tradições religiosas e comunidades. A leitura cuidadosa da Bíblia e a busca de compreensão espiritual são essenciais para uma prática de adoração significativa

Chave conhecimento na Palavra

No livro de Provérbios, capítulo 2, versículos 1 a 6, encontramos um poderoso incentivo para buscar o conhecimento da Palavra de Deus:

"Filho meu, se aceitares as minhas palavras e esconderes contigo os meus mandamentos,"

O autor começa dirigindo-se a um "filho", indicando um conselho paterno ou instrução divina dirigida a todos os que desejam aprender e crescer na sabedoria de Deus.

O convite é para que o filho aceite as palavras do autor (provavelmente Salomão) e guarde os mandamentos de Deus no coração de forma íntima e pessoal.

"para fazeres atento à sabedoria o teu ouvido, e para inclinares o teu coração ao entendimento,"

A ação de aceitar e guardar os mandamentos deve ser acompanhada pela disposição de ouvir com atenção e de inclinar o coração para entender a sabedoria divina.

Isso implica em estar aberto e receptivo ao ensino de Deus, desejando compreender profundamente os caminhos de Deus.

"se clamares por conhecimento, e por inteligência alçares a tua voz,"

Além da aceitação e do entendimento, o filho é encorajado a buscar ativamente o conhecimento e a inteligência.

O pedido por conhecimento implica em uma busca diligente e fervorosa, indicando um desejo sincero de adquirir sabedoria espiritual e discernimento.

"se como a prata a buscares e como a tesouros escondidos a procurares,"

A busca por conhecimento e sabedoria deve ser valorizada como a busca por tesouros preciosos e inestimáveis.

Isso enfatiza a importância de investir tempo e esforço na busca de Deus e de Sua sabedoria, reconhecendo seu valor supremo e transformador na vida do buscador.

Versículos 5-6: A Promessa da Sabedoria Divina

"então entenderás o temor do Senhor, e acharás o conhecimento de Deus."

Como resultado da busca diligente e do desejo sincero por conhecimento e sabedoria, o filho alcançará dois resultados fundamentais:

Primeiro, ele compreenderá e experimentará o "temor do Senhor", um profundo respeito e reverência por Deus que é a base da sabedoria verdadeira.

Segundo, ele encontrará o "conhecimento de Deus", uma comunhão íntima e pessoal com Deus, onde a mente e o coração são iluminados pela revelação divina.

"Porque o Senhor dá a sabedoria, e da sua boca vem o conhecimento e o entendimento."

Este versículo conclui enfatizando a fonte e a origem de toda sabedoria, conhecimento e entendimento verdadeiros: eles vêm de Deus.

Deus é o doador de sabedoria, revelando Seu conhecimento através de Sua palavra e ensinamentos. A verdadeira sabedoria não pode ser alcançada apenas pelo esforço humano, mas é concedida por Deus àqueles que buscam e aceitam Seu ensinamento.

Conclusão da Exegese:

Provérbios 2:1-6 oferece uma orientação prática e espiritual para aqueles que desejam crescer na sabedoria divina. Através da aceitação, guarda, busca ativa e reverência por Deus, o buscador é prometido a experiência de uma sabedoria que vem diretamente de Deus. Este texto encoraja os leitores a não apenas procurar conhecimento intelectual, mas a cultivar um relacionamento profundo com Deus, que é a fonte de toda sabedoria verdadeira e entendimento espiritual.

Para uma aplicação pessoal com a etimologia das palavras de Provérbios 2:1-6, podemos explorar o significado original das palavras-chave no texto, relacionando-as com nossa vida espiritual e prática diária:

1. Aceitar (Hebraico: "aceitares")

- Etimologia: A palavra hebraica usada aqui é "qabah", que significa receber, aceitar, tomar para si.

- Aplicação pessoal: Aceitar as palavras de Deus envolve não apenas ouvir passivamente, mas receber ativamente e internalizar os ensinamentos divinos. Isso requer uma atitude de coração aberto e disposição para incorporar a verdade de Deus em nossa vida diária.

2. Esconder (Hebraico: "esconderes")

- Etimologia: A palavra hebraica é "tsaphan", que significa esconder, guardar secretamente.

- Aplicação pessoal: Esconder os mandamentos de Deus implica não apenas memorizar ou guardar superficialmente, mas guardar de maneira íntima e pessoal em nosso coração. Isso sugere uma prática de meditação e reflexão constante sobre a Palavra de Deus.

3. Fazer atento (Hebraico: "para fazeres atento")

- Etimologia: "Azan" é a palavra hebraica, que significa ouvir, prestar atenção.

- Aplicação pessoal: Fazer atento à sabedoria de Deus envolve estar realmente atento e concentrado no que Ele está ensinando. Isso requer uma disposição para ouvir com profundidade e discernir o que Deus está falando através de Sua Palavra e da orientação do Espírito Santo.

4. Inclinar (Hebraico: "para inclinares")

- Etimologia: "Natah" é a palavra hebraica, que significa inclinar, desviar-se, voltar-se para.

- Aplicação pessoal: Inclinar o coração ao entendimento implica direcionar intencionalmente nosso coração para compreender os caminhos de Deus. Isso requer uma escolha deliberada de priorizar a busca pela sabedoria divina em vez dos caminhos do mundo.

5. Clamar (Hebraico: "se clamares")

- Etimologia: "Qara" é a palavra hebraica, que significa clamar, chamar.

- Aplicação pessoal: Clamar por conhecimento indica uma ação fervorosa e persistente de buscar a Deus em oração e estudo da Palavra. É um apelo sincero por revelação e entendimento espiritual que vem somente de Deus.

6. Buscar (Hebraico: "a buscares")

- Etimologia: "Baqash" é a palavra hebraica, que significa procurar, buscar diligentemente.

- Aplicação pessoal: Buscar a sabedoria de Deus como prata e tesouros escondidos implica valorizar profundamente a sabedoria divina e estar disposto a investir tempo, esforço e energia na busca por ela. Isso envolve uma busca diligente e constante pela verdade de Deus em todas as áreas da vida.

Ao aplicarmos essas nuances etimológicas dos termos de Provérbios 2:1-6 em nossa jornada espiritual, somos desafiados a não apenas ler superficialmente, mas a mergulhar profundamente na Palavra de Deus, buscando compreensão genuína e transformação espiritual através do conhecimento e da aplicação de Seus ensinamentos em nossa vida cotidiana.

"Filho meu, se aceitares as minhas palavras e esconderes contigo os meus mandamentos, para fazeres atento à sabedoria o teu ouvido, e para inclinares o teu coração ao entendimento, se clamares por conhecimento, e por inteligência alçares a tua voz, se como a prata a buscares e como a tesouros escondidos a procurares, então entenderás o temor do Senhor, e acharás o conhecimento de Deus. Porque o Senhor dá a sabedoria, e da sua boca vem o conhecimento e o entendimento."

Este trecho das Escrituras destaca a importância de aceitar e esconder os mandamentos de Deus em nossos corações, buscando ativamente a sabedoria e o entendimento por meio da Palavra. O conhecimento da Palavra de Deus não é meramente um exercício intelectual, mas uma busca por compreender os caminhos e os propósitos de Deus em nossas vidas.

A Transformação Pela Palavra de Deus, no livro de Hebreus, capítulo 4, versículos 12 e 13, é ressaltada a natureza viva e transformadora da Palavra de Deus:

A exegese de Hebreus 4:12-13 envolve uma análise detalhada e interpretativa desses versículos, explorando seu significado dentro do contexto bíblico e suas implicações para os leitores. Aqui está a exegese desses versículos:

Versículos 12-13: A Palavra de Deus é Viva e Eficiente

1."Porque a palavra de Deus é viva e eficaz, e mais penetrante do que qualquer espada de dois gumes, e penetra até à divisão da alma, e do espírito, e das juntas e medulas, e é apta para discernir os pensamentos e intenções do coração."

Palavra de Deus é viva e eficaz: A palavra grega para "viva" é "zao", indicando que a Palavra de Deus está cheia de vida, é dinâmica e ativa. Ela não é estática nem obsoleta, mas continua relevante e poderosa para transformar vidas.

Mais penetrante do que qualquer espada de dois gumes: A palavra grega para "penetrante" é "tomoteros", significando algo que corta profundamente. A imagem da espada de dois gumes destaca a capacidade da Palavra de Deus de discernir profundamente e julgar com precisão.

Penetra até à divisão da alma, e do espírito, e das juntas e medulas: Esta frase enfatiza a profundidade e a extensão do poder da Palavra de Deus. Ela não apenas alcança a superfície, mas vai até o âmago do ser humano, discernindo entre a alma (psiqué), o espírito (pneuma), e as partes mais íntimas do corpo humano.

Apta para discernir os pensamentos e intenções do coração: A palavra grega para "discernir" é "kritikos", que sugere a ideia de julgar e discernir com precisão. A Palavra de Deus é capaz de expor e revelar os pensamentos íntimos e as intenções do coração humano, mesmo os mais profundos e ocultos.

Versículo 13: Tudo Está Nu e Patente aos Olhos de Deus

2. "E não há criatura alguma encoberta diante dele; antes todas as coisas estão nuas e patentes aos olhos daquele com quem temos de tratar."

Este versículo ressalta a onisciência e a onipresença de Deus. Nada pode ser escondido de Deus; Ele vê todas as coisas claramente.

A expressão "nuas e patentes" vem das palavras gregas "gumnos" (nu) e "trachelizo" (exposto ao pescoço), sugerindo completa exposição e transparência diante de Deus.

A referência a "aquele com quem temos de tratar" indica a relação íntima e pessoal que os crentes têm com Deus. Ele não é apenas um observador distante, mas um Deus que está ativamente envolvido e interessado na vida de Seu povo.

Conclusão da Exegese:

Hebreus 4:12-13 destaca a natureza viva, poderosa e penetrante da Palavra de Deus. Ela não é apenas um texto antigo, mas uma fonte de vida e discernimento espiritual que revela a verdadeira condição do coração humano. A Palavra de Deus é capaz de julgar e discernir de maneira profunda e precisa, expondo até mesmo os pensamentos e intenções mais íntimos. Além disso, ela nos lembra que nada está oculto aos olhos de Deus, que conhece todas as coisas. Portanto, os crentes são desafiados a se submeter à autoridade da Palavra de Deus, permitindo que ela os transforme e os guie em sua jornada espiritual.

Vamos explorar algumas aplicações pessoais profundas e práticas dos versículos de Hebreus 4:12-13:

1. Impacto Transformador da Palavra de Deus

Ao reconhecer que a Palavra de Deus é viva e eficaz, capaz de penetrar até a divisão da alma e do espírito, podemos aplicar isso em nossas vidas de várias maneiras:

Estudo e Meditação: Dedique tempo regularmente para estudar e meditar na Palavra de Deus. Permita que ela penetre profundamente em seu coração, transformando seus pensamentos e atitudes.

Oração Dirigida pela Palavra: Utilize as Escrituras como guia em sua vida de oração. Deixe que os princípios e promessas da Palavra orientem suas petições e intercessões.

Discernimento Espiritual: Desenvolva um discernimento espiritual aguçado ao se expor continuamente à Palavra de Deus. Isso o ajudará a distinguir entre verdade e mentira, entre as vozes espirituais e as influências do mundo ao seu redor

2. Transparência Diante de Deus

Considerando que todas as coisas estão nuas e patentes aos olhos de Deus:

Vida de Integridade: Viva uma vida transparente diante de Deus, reconhecendo que Ele vê não apenas suas ações externas, mas também os motivos e intenções do seu coração.

Confissão e Arrependimento: Permita que a luz da Palavra de Deus revele áreas de sua vida que precisam de arrependimento e transformação. Não esconda nada do Senhor, mas humildemente confesse seus pecados e busque Seu perdão e restauração.

Responsabilidade Espiritual: Esteja consciente de que você prestará contas a Deus por suas ações e pensamentos. Isso incentiva a viver de maneira santa e consagrada, buscando agradar a Deus em todas as áreas da sua vida.

3. Relacionamento Pessoal com Deus

Reconhecendo a intimidade de Deus conosco e Sua capacidade de discernir nossos corações:

Comunhão Profunda: Cultive um relacionamento pessoal e íntimo com Deus através da oração, adoração e estudo da Palavra. Permita que Ele fale ao seu coração e transforme sua vida diariamente.

Confiança e Submissão: Confie que Deus conhece suas necessidades mais profundas e confie em Sua orientação e provisão. Submeta-se à Sua vontade, sabendo que Ele deseja o melhor para você e que Sua Palavra é a bússola segura para sua vida.

Busca Contínua por Crescimento Espiritual: Esteja sempre aberto ao aprendizado e ao crescimento espiritual. Permita que a Palavra de Deus o guie em cada passo da sua jornada cristã, transformando-o progressivamente à imagem de Cristo.

Essas aplicações pessoais de Hebreus 4:12-13 enfatizam a importância de uma vida fundamentada na Palavra de Deus, revelando Sua verdade em nossa vida diária e promovendo um relacionamento íntimo e transformador com Ele.

A Prática do Conhecimento da Palavra na Vida Cristã, no Evangelho de João, capítulo 8, versículos 31 e 32, Jesus enfatiza a importância de permanecer na Sua Palavra:

Vamos explorar a exegese e a etimologia das palavras nos versículos 31 e 32 do capítulo 8 do Evangelho de João:

Exegese de João 8:31-32

1.Contexto e Significado:

Jesus está ensinando uma multidão que havia crido nele. Ele diz: "Se vós permanecerdes na minha palavra, verdadeiramente sereis meus discípulos; e conhecereis a verdade, e a verdade vos libertará."

2. Etimologia das Palavras-Chave:

Permanecer (grego: μ ἕ ν ε τ ε - menete): Esta palavra vem do verbo grego "meno", que significa permanecer, ficar, residir. No contexto espiritual, implica em manter-se fiel e obediente aos ensinamentos de Jesus, não apenas temporariamente, mas de forma contínua e constante.

Palavra (grego: λ ό γ ῳ - logō): Derivado de "logos", que significa palavra, expressão, ensinamento. Aqui se refere aos ensinamentos e verdades proclamadas por Jesus.

Discípulos (grego: μ α θ η τ α ί - mathētai): Significa discípulos, seguidores de Jesus que não apenas creem nele, mas também seguem e obedecem seus ensinamentos de maneira ativa.

Conhecereis (grego: γ ν ώ σ ε σ θ ε - gnōsesthe): Vem do verbo "ginosko", que significa conhecer, compreender, estar familiarizado com. Aqui denota um conhecimento íntimo e pessoal da verdade espiritual.

Verdade (grego: ἀ λ ή θ ε ι α - alētheia): Refere-se à verdade em seu sentido absoluto e espiritual, especialmente a verdade revelada por Jesus sobre Deus, o homem e o caminho da salvação.

Libertará (grego: ἐ λ ε υ θ ε ρ ώ σ ε ι - eleutherōsei): Vem do verbo "eleutheroō", que significa libertar, tornar livre. Neste contexto, indica a libertação espiritual e emocional que advém do conhecimento e da aplicação da verdade de Cristo

Implicações e Aplicação pessoal:

Permanecer na Palavra: Significa não apenas ler a Bíblia, mas também aplicar seus ensinamentos na vida diária, buscando uma comunhão constante com Deus através da Palavra.

Conhecimento e Liberdade: O conhecimento verdadeiro de Cristo não apenas informa, mas transforma, levando à libertação de hábitos pecaminosos, falsas crenças e medos, conduzindo a uma vida abundante em Cristo.

Compromisso e Fidelidade: Ser discípulo de Jesus requer um compromisso contínuo de permanecer fiel à Sua Palavra, mesmo diante das dificuldades e tentações.

Buscar a Verdade: Estar disposto a buscar a verdade em Cristo implica humildade e abertura para aprender e crescer espiritualmente, permitindo que a verdade de Cristo moldar e guiar cada aspecto da vida.

Esses versículos enfatizam a importância vital de uma fé genuína e comprometida com Cristo, expressa através do conhecimento da Palavra e da liberdade que ela traz aos que a seguem verdadeiramente.

"Jesus dizia, pois, aos judeus que criam nele: Se vós permanecerdes na minha palavra, verdadeiramente sereis meus discípulos; e conhecereis a verdade, e a verdade vos libertará."

Chave amar ao Próximo

A exegese bíblica do mandamento "Amar ao Próximo" é fundamental para entender o ensinamento central de Jesus Cristo sobre o amor e a prática do amor ao próximo como a si mesmo. Este mandamento não é apenas uma ideia ética ou moral, mas uma expressão profunda do coração de Deus para com a humanidade. Vamos explorar isso:

1. Fundamento do Mandamento:

O mandamento de amar ao próximo como a si mesmo é encontrado em várias passagens das Escrituras, sendo explicitamente destacado por Jesus no Novo Testamento. Em Mateus 22:37-40, por exemplo, Jesus ensina que amar a Deus sobre todas as coisas e amar o próximo como a si mesmo são os dois maiores mandamentos que resumem toda a Lei e os Profetas.

2. Definição de "Próximo":

Na parábola do Bom Samaritano (Lucas 10:25-37), Jesus expande o conceito de próximo para incluir não apenas aqueles que estão próximos geograficamente, culturalmente ou socialmente, mas qualquer pessoa que esteja em necessidade e a quem podemos ajudar.

3. Características do Amor ao Próximo:

Incondicional: O amor ao próximo não depende de quem é a pessoa, de suas ações passadas ou de sua origem, mas é dado livremente, sem expectativa de retorno.

Prático: O amor ao próximo se manifesta em ações concretas e tangíveis para ajudar e cuidar das necessidades físicas, emocionais e espirituais dos outros.

Sacrificial: Como exemplificado pelo sacrifício do Bom Samaritano, o amor ao próximo pode exigir sacrifício pessoal de recursos, tempo e energia para beneficiar o próximo.

4. Motivação para Amar ao Próximo:

Exemplo de Cristo: Jesus é o exemplo supremo de amor ao próximo, pois Ele deu Sua vida pelos pecadores, demonstrando o amor sacrificial mais profundo possível (João 15:13).

Mandamento de Deus: Amar ao próximo não é apenas uma sugestão, mas um mandamento divino que reflete a vontade de Deus para com Seu povo (Romanos 13:9-10).

5. Aplicação Prática do Amor ao Próximo:

Na Comunidade Cristã: Os cristãos são chamados a amar uns aos outros como Cristo os amou, promovendo unidade, perdão e suporte mútuo dentro da comunidade da fé (1 João 4:7-12).

No Mundo: O amor ao próximo transcende fronteiras religiosas e culturais, alcançando todas as pessoas como expressão do amor de Deus por toda a humanidade (Gálatas 6:10).

6. O Propósito do Amor ao Próximo:

Testemunho do Evangelho: O amor ao próximo é uma maneira tangível de testemunhar o amor de Cristo ao mundo, mostrando a graça e o poder transformador do evangelho na vida das pessoas (Mateus 5:16).

Cumprimento da Lei: Como ensinado por Jesus, amar ao próximo como a si mesmo não apenas cumpre a Lei, mas vai além, refletindo o caráter de Deus e Seu amor por todos (Romanos 13:8).

Segundo a Bíblia, as características do amor ao próximo são fundamentais para compreender como devemos amar e servir aqueles ao nosso redor. Vamos explorar essas características com base nos ensinamentos bíblicos:

1. Incondicional:

O amor ao próximo, conforme descrito em 1 Coríntios 13:4-7, é paciente e bondoso. Ele não é baseado em merecimento ou reciprocidade, mas é oferecido livremente, independentemente das circunstâncias ou do comportamento da pessoa.

2. Altruísta e Sacrificial:

João 15:13 ensina que não há maior amor do que aquele que sacrifica sua vida pelos amigos. O amor ao próximo envolve colocar as necessidades dos outros acima das nossas, estar disposto a sacrificar tempo, recursos e conforto pessoal para o benefício do próximo.

3. Misericordioso e Compassivo:

A parábola do Bom Samaritano (Lucas 10:25-37) ilustra o amor ao próximo como um ato de misericórdia e compaixão. O próximo é aquele que vê o sofrimento do outro e age para ajudar, sem se importar com as diferenças sociais, culturais ou religiosas.

4. Perdoador:

Mateus 6:14-15 e Colossenses 3:13 destacam a importância do perdão no contexto do amor ao próximo. Perdoar aqueles que nos ofendem ou nos prejudicam é uma expressão de amor que reflete o perdão gracioso que recebemos de Deus.

5. Ativo e Prático:

Tiago 2:15-16 enfatiza que o amor ao próximo deve ser acompanhado por ações práticas e tangíveis. Não basta apenas dizer que amamos, mas devemos demonstrar nosso amor através de obras que beneficiem e ajudem o próximo em suas necessidades reais.

6. Genuíno e Desinteressado:

Filipenses 2:3-4 nos exorta a não agir por motivos egoístas ou por busca de reconhecimento, mas a considerar os outros como superiores a nós mesmos. O amor ao próximo é desinteressado, buscando o bem-estar e a felicidade daqueles que amamos como a nós mesmos.

7. Consistente e Perseverante:

1 Coríntios 13:7 destaca que o verdadeiro amor ao próximo suporta todas as coisas, crê todas as coisas, espera todas as coisas, perseverando mesmo diante das dificuldades e desafios. É um amor que não desiste facilmente, mas persiste no cuidado e na preocupação pelo bem-estar do próximo.

Essas características do amor ao próximo não são apenas ideais éticos, mas são a expressão prática do amor de Deus por nós, conforme revelado em Cristo. Elas nos desafiam a viver de maneira que glorifique a Deus ao amar e servir aos outros com o mesmo amor que Ele demonstrou por nós.

Na Bíblia, encontramos diferentes tipos de amor descritos que refletem aspectos variados e profundos das relações humanas e da relação de Deus com a humanidade. Aqui estão os principais tipos de amor mencionados na Bíblia:

1. Ágape (ἀ γ ά π η): Este é o amor divino, incondicional e sacrificial. É o amor que Deus tem por nós e o amor que Ele deseja que tenhamos uns pelos outros. É caracterizado por ser desinteressado, altruísta e procurar o bem-estar do outro acima do próprio (João 3:16; 1 Coríntios 13).

2. Philia (φ ι λ ί α): Este é o amor fraterno ou amizade. É o tipo de amor que envolve afeição, camaradagem e lealdade entre amigos ou irmãos. É visto em textos como João 15:13 ("Ninguém tem maior amor do que este: de dar alguém a sua vida pelos seus amigos") e em relatos de amizades na Bíblia, como Davi e Jônatas (1 Samuel 18:1-4).

3. (ἔ ρ ω ς): Embora a palavra "eros" não apareça na Bíblia, o conceito de amor romântico ou físico está implícito em passagens que falam sobre o amor entre marido e mulher. É o amor apaixonado e íntimo que é celebrado no contexto do casamento e da união física (Cânticos dos Cânticos; Efésios 5:25-33). Além desses três principais tipos de amor, a Bíblia também menciona outros termos relacionados ao amor que enfatizam diferentes aspectos ou manifestações desse sentimento, como:

Storgē (σ τ ο ρ γ ή): É o amor familiar, especialmente o amor dos pais pelos filhos e vice-versa (Romanos 12:10; 2 Timóteo 3:3).

Fileo (φ ι λ έ ω): É outro termo para amor, geralmente usado para expressar afeição ou carinho, muitas vezes em um sentido mais emocional e próximo (Mateus 10:37; Tito 2:4).

Cada um desses tipos de amor na Bíblia revela uma dimensão única e importante das relações humanas e do relacionamento de Deus com Seu povo. Juntos, eles nos ensinam sobre o amor em suas várias formas e incentivam uma vida de amor que reflete o caráter e a vontade de Deus.

Em resumo, a exegese do mandamento de amar ao próximo nos ensina que este não é apenas um conceito moral, mas um reflexo do amor de Deus por nós e uma prática essencial para todos os seguidores de Jesus Cristo. Esse amor não conhece fronteiras e é uma maneira poderosa de demonstrar o evangelho em ação, transformando vidas e glorificando a Deus.

Essas páginas bíblicas ilustram a importância profunda e transformadora do conhecimento da Palavra de Deus, não apenas como um livro de instruções, mas como uma fonte viva de sabedoria, transformação e liberdade espiritual para todos os que buscam seguir a Cristo.

A conclusão de um livro que aborda temas tão profundos como perdão, oração, fé, comunhão, adoração, conhecimento da palavra e amor ao próximo deve refletir a jornada espiritual e emocional que os leitores percorreram ao longo das páginas.

Ao final deste livro, fica claro que o perdão é não apenas uma virtude, mas uma necessidade vital para o bem-estar emocional e espiritual. Os benefícios do perdão são inúmeros: ele libera o coração da amargura, restaura relacionamentos quebrados, promove a paz interior e fortalece a saúde mental. Por outro lado, as consequências da falta de perdão são igualmente profundas, causando ressentimento, isolamento emocional, e até mesmo problemas físicos devido ao estresse prolongado.

A prática da oração, da fé e da comunhão foi explorada como fundamentais para a jornada de perdão. A oração fortalece nossa conexão com o divino, enquanto a fé nos sustenta nos momentos de dificuldade. A comunhão com outros seres humanos nos lembra da nossa humanidade compartilhada e da importância de estender graça aos outros, assim como a nós mesmos.

Finalmente, a adoração emerge como a expressão mais profunda de gratidão e humildade diante do transcendente, oferecendo um caminho para a cura interior e a restauração da alma.

Ao aplicarmos as sete chaves para viver o extraordinário de Deus, conforme ensinado pela Bíblia Sagrada, podemos verdadeiramente experimentar um impacto transformador em nossas vidas. Vamos recapitular essas chaves fundamentais:

1. Perdão: O perdão nos liberta do peso do ressentimento e abre espaço para a reconciliação e o amor de Deus fluírem em nossos relacionamentos.

2. Oração: A oração é o meio pelo qual nos comunicamos com Deus, fortalecemos nossa fé e recebemos direção e poder para viver conforme Sua vontade.

3. Fé: A fé nos capacita a confiar em Deus mesmo diante das circunstâncias adversas, crendo que Ele é capaz de fazer além do que podemos imaginar.

4. Comunhão: Estar em comunhão com Deus e com outros crentes fortalece nossa fé, nos encoraja e nos ajuda a crescer espiritualmente.

5. Adoração: A adoração é a expressão de nosso amor e reverência a Deus, reconhecendo Sua grandeza e poder em nossas vidas.

6. Conhecimento da Palavra: O conhecimento da Palavra de Deus nos guia em Sua verdade, nos ensina Seus caminhos e nos capacita a discernir Sua vontade em todas as situações.

7. Amor ao Próximo: Amar o próximo como a nós mesmos reflete o amor de Deus em ação, demonstrando compaixão, perdão e serviço desinteressado.

Ao colocarmos essas chaves em prática diariamente, nos posicionamos no centro da vontade de Deus. Estamos prontos para experimentar o extraordinário de Deus em nossas vidas, sendo transformados à Sua imagem e impactando o mundo ao nosso redor com o Seu amor e poder. Que cada ação e decisão reflitam esses princípios, guiados pelo Espírito Santo, para a glória de Deus e para o cumprimento de Seus propósitos eternos em nossas vidas.

Que este livro tenha inspirado não apenas reflexões, mas transformações reais na vida dos seus leitores, guiando-os para um caminho de paz, reconciliação e plenitude espiritual. Que cada página seja uma lembrança constante de que o perdão é um dom precioso que podemos dar e receber, uma chave para um coração livre e um espírito renovado.